TURING 图灵新知

你不可不知的
50个生物学知识

[法] J.V. 沙马里 著 王昊 译

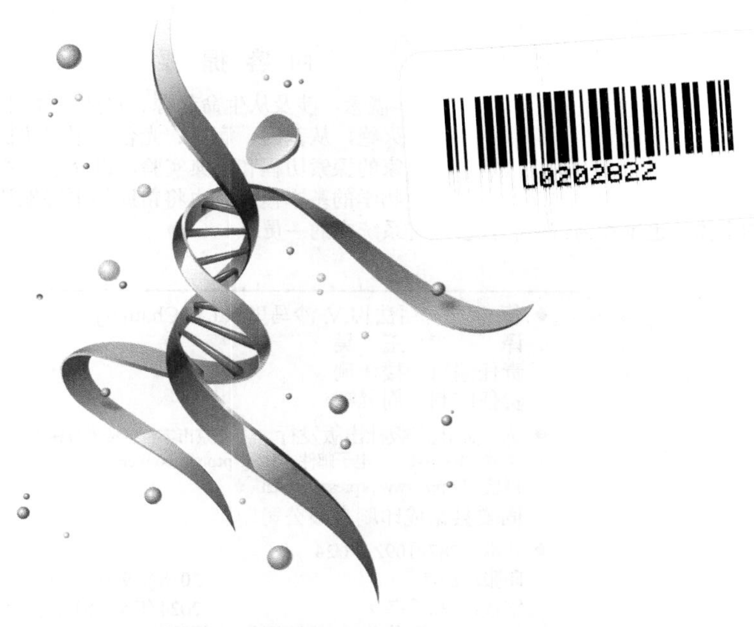

50 Biology Ideas You Really Need to Know

人民邮电出版社
北 京

图书在版编目（CIP）数据

你不可不知的50个生物学知识 / (法) J.V. 沙马里
(J.V. Chamary) 著 ; 王昊译. -- 北京 : 人民邮电出版
社, 2018.9（2024.5重印）
（图灵新知）
ISBN 978-7-115-49252-4

Ⅰ. ①你… Ⅱ. ①J… ②王… Ⅲ. ①生物学-普及读
物 Ⅳ. ①Q-49

中国版本图书馆CIP数据核字(2018)第203133号

内 容 提 要

本书精选了 50 个重要的生物学概念，涉及从生命起源、自然选择到合成生物学，从个体的受精、发育和衰老到物种的形成、演化和灭绝，从基因、病毒、光合作用到动物的睡眠、记忆和智力。每篇短文以通俗易懂的文字回顾了科学家的探索历程和经典实验，也介绍了相关领域的最新进展和未来前景。它们将不仅帮助你形成对于生物学的基本概念，也将帮助你更好地认识你自己——不仅是作为生物个体，也是作为自然和社会生态系统中的一员。

◆ 著　　[法] J.V. 沙马里（J.V. Chamary）
译　　王　昊
责任编辑　楼伟珊
责任印制　周昇亮

◆ 人民邮电出版社出版发行　　北京市丰台区成寿寺路 11 号
邮编　100164　　电子邮件　315@ptpress.com.cn
网址　http://www.ptpress.com.cn
固安县铭成印刷有限公司印刷

◆ 开本：787×1092　1/24
印张：8.67　　2018 年 9 月第 1 版
字数：230千字　　2024 年 5 月河北第 24 次印刷
著作权合同登记号　图字：01-2015-8793号

定价：35.00元

读者服务热线：(010)84084456-6009　印装质量热线：(010)81055316
反盗版热线：(010)81055315
广告经营许可证：京东市监广登字 20170147 号

版权声明

PICTURE CREDITS:

53: AzaToth via Wikimedia; 93: Designua/Shutterstock; 111: Toni Barros via Wikimedia; 121: GunitaR/Shutterstock.

All other pictures by Tim Brown. Page 35 after Madprime via Wikipedia; Page 60 after *Cell* 157, pp. 95-109; Page 87 after Katie Vicari, *Nature Biotechnology* 30, pp. 408-410; Page 141 after *Current Biology* 24, pp. R408-R412; Page 143 after Terese Winslow, *Scientific American*, September 2002, pp. 58-65; Page 185 after *Nature Education Knowledge* 3, p. 78.

目　录

引　　言

生命是什么？生物学是研究生命的学科，所以在探索生物学中最重要的概念之前，我们也许应该对“生命”到底是什么有个大致的理解。但查阅一下字典，你就会发现字典里的解释只是在兜圈子。关于生命的定义会用到像“有生命的物体”（换言之，生命），或“生物”（再一次地，生命），又或者“植物与动物”（没错，还是生命）这样的说法。

生物学是一门充满“特例”的科学，而这有助于解释为什么生命这么难以定义。以病毒为例，很多生物学家认为它们并不是“活的”，因为它们不能在宿主细胞外繁殖。但这种说法忽视了像麻风杆菌这样的生物，它们同样不能独立生存。因此，科学家至今未能就生命的定义达成共识也就不足为奇了。

物理学定律有很多，但生物学定律只有一条：演化。此外，繁殖需要基因，而生物具有细胞。本书就将首先探索这三个生物学中的基本话题，然后它将转向生命的起源（从技术上讲，这属于化学范畴）以及演化树。之后的章节则将按照组织层级的上升分为四个部分：基因（第 6—16 章）、细胞（第 17—24 章）、生物（第 25—40 章），以及种群（第 41—50 章）。在这个过程中，将有专门一章讨论人类，还有一章讨论病毒——这又把那个大问题重新摆在了我们面前。

定义生命有两个途径：它具有什么（像细胞这样的特征），以及它能做什么（像繁殖这样的过程）。我认为病毒是活的，所以我们不妨认为生命具有一个容器（以容纳细胞）或者病毒外壳。个体能复制（繁殖），种群则能通过自然选择驱动的演化适应周围的环境。所以生命是什么？我的观点是：生命是一种能够复制和适应环境的自包含的实体。这个定义确实有用，尽管不太上口。如果你在读完本书之后有了更好的定义，我将很乐意听听你的想法。

01 演化

地球上的每一种生物，无论是过去的还是现在的，都通过演化联系在一起：它们都源自一个共同祖先。它们随时间发生的变化则源于基因变异以及对环境的适应。这一过程自生命在地球上首次出现以来就从未停止过，由此也造就了我们今天所见到的生物多样性。

生命是一个大家庭，你我都是这棵巨大无比的家族树上的一片树叶。人并不是由猴子变的，但我们和它们同属灵长目，算是表亲。从细菌到鸟类的其他生物则是我们的远亲。所有生物都起源于共同的曾曾……曾祖父母：一群简单的细胞，它们是地球上所有生命的共同祖先。然而，尽管我们拥有共同祖先，我们却最终变得如此不同，因为任何一个种群（无论是一个家族、一个物种，还是整个动物界）都能随时间发生变化。这便是演化论的前半部分，或者按照查尔斯·达尔文的说法，"后代渐变"。

变异 直到 19 世纪，人们都相信任何一种生物（物种）都是固定不变的。然后在 1809 年，法国博物学家让 - 巴蒂斯特·拉马克提出了他的"演化论"（transformism）。在《动物哲学》一书中，他提出物种会因为环境压力而发生变化。对于生物为什么要适应环境，拉马克说对

大事年表

1809 年

拉马克提出物种会随时间变化的演化论

1859 年

达尔文在《物种起源》一书中解释了自然选择驱动的适应

1865 年

孟德尔的遗传定律揭示出基因是分立的遗传单位

了，但对于它们如何去适应，他则说错了：他认为个体能够在它的一生之中获得适应并传给下一代。比如长颈鹿的脖子之所以越来越长，是因为它们的祖先不断伸长脖子去够高处的树叶。

当科学家发现体细胞无法遗传性状之后，拉马克的获得性遗传理论便被抛弃了。1883 年，德国生物学家奥古斯特·魏斯曼提出了种质学说：只有诸如精子和卵子的生殖细胞才能传递遗传信息。1900 年，奥地利神父格雷戈尔·孟德尔的豌豆实验被人们重新发现。这项实验证明了性状是作为分立的颗粒（我们现在所谓的基因）而遗传的。

现如今，“突变”一词通常特指基因突变及其对个体特征（比如代谢和形貌）所产生的影响。突变是生物变异的终极来源，为大自然淘汰那些不能很好适应环境的生物源源不断提供了原材料。这就是达尔文演化论的后半部分：自然选择。

达尔文的演化树

下面是查尔斯·达尔文绘制的第一张展示生物之间关系的示意图，摘自论“物种演变”的笔记本 B（1837 年）。这棵早期的演化树标出了位于根部的共同祖先（标记为 1）。具有 T 字形末端的枝杈（分别标记为 ABCD）是现存物种，其他枝杈则是已灭绝物种。

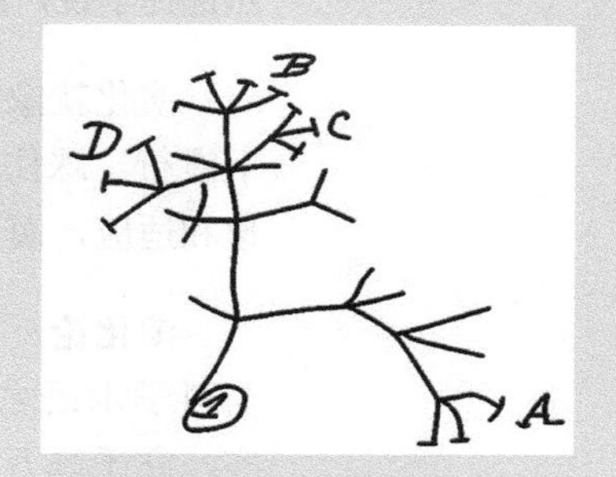

适应　1859 年，达尔文出版了《物种起源》一书，其中描述了生物的多样性，以及驱动种群适应它们所处环境的机制：自然选择驱动的演化。这一理论常常被简单化为“适者生存”，但这容易导致误解。首先，“适者”显然不仅仅指身体状况——在生物学中，适合度意味着生存和繁殖的能力。其次，驱动大自然对个体进行选择（比

1883 年
魏斯曼提出性状只能通过生殖细胞遗传

1910 年
摩根及其学生表明基因突变是变异的来源

20 世纪 30 年代
现代演化综论综合了自然选择学说与遗传学

如通过对资源或交配权的竞争）的环境压力，并不是要挑出最好的，而是要淘汰最差的。因此，自然选择更像是“最不适者淘汰”。

“从如此简单的一个起点，已经并且仍在演化出无穷无尽的种种非常美丽和非常神奇的生命形式。”

——查尔斯·达尔文

自然选择是驱动演化的主要动力，但它并不是影响种群变化的唯一因素。与自然选择相对的力量是“净化选择”，这一过程会阻止不必要的变化，或者换句话说，“不坏不修”。此外，一个突变也可能只会对个体产生很小的影响，使得它不会受到自然选择的遴选，所以这个突变在种群基因库中的命运将取决于概率，或者所谓的随机“遗传漂变”。20世纪30年代，种群遗传学家将这些观点整合进自然选择学说，创立了现代演化综论，或者所谓的“新达尔文主义”。

演化就像是一辆斜坡上的汽车。它会因为繁殖和遗传漂变而慢慢向下滑行。踩住刹车可以停车欣赏风景（净化选择）。踩下油门则能够加速和适应，而这个过程由突变和变异（自然选择）所驱动。

演化论 在理解“演化论”过程中所出现的问题部分源于日常用语与科学术语之间的差异。生物学家一致同意演化确实发生了（这是事实，它千真万确），但他们可以对其内在机制（理论）的细节持不同意见。而人们往往会把“理论”与“假说”相混淆（假说是一种可验证的预测，理论则是一个思想的框架）。像其他科学理论一样，演化论的细节也在不断地更新——就像现在的引力理论已经不再基于牛顿的万有引力定律，而是增添了爱因斯坦的广义相对论。“演化”是另一个容易导致混乱的地方。它意味着“推演变化”，但也常常被当作进步或发展的同义词，所以有时科幻电影会声称，个体也能够“进化”。

大自然中的适应现象是如此神奇，让人很难想象这如何能够通过一步步演化而来。这导致了一些不正确的阐释，比如英国牧师威廉·佩利在1802年便将生命的复杂性与手表的精细结构相比较。这位神创论者的这一想法后来改头换面，被称为智能设计，一个基于“诉诸无知”或“空隙中的神”的逻辑谬误。在这两种情况下，如果在普通人或专家的理解中出现了空隙，演化链上存在“缺失的一环”（尽管科学家更喜欢使用“过渡化石”的说法），那么填补空隙的解释必然是超自然的。

放眼大自然，也可以看到物种看上去如此适应它们所处的环境。这不免会引出一些“原来如此”的吸引人故事来解释像长颈鹿的长脖子这样的性状。但与我们一同生活在地球上的生物是过往适应的延续，而非现今环境的产物。因此，要想理解生命的各种特征，你需要理解为什么它们一开始会被演化出来。正如遗传学家特奥多修斯·杜布赞斯基的一篇文章标题所说：“生物学的一切只有借助演化的视角才说得通。”

智能设计

智能设计学说认为，生物如此复杂，因而它们必定是由一位智能的设计师（比如上帝或外星人）创造的。智能设计使用了两个主要论证。“特定的复杂性”声称，编码了模式和特征的生物信息具有令人难以置信的复杂性，因而它们能通过随机演化而来的概率极低。但不像一个科学理论，这个论证没有给出可验证的预测，而是试图通过使用各种算法在抽象例子中发现设计的存在。“不可化约的复杂性”则认为，某些生物系统太过复杂，不可能从简单的部件演化而来。常用的一个例子是鞭毛（某些细菌用来运动的鞭状尾巴），它被拿来与一个捕鼠器相比较。在这两种情况下，缺少了任何一个部件，整个系统就无法工作，因而它不可能通过自然选择逐步演化而来。对此的演化解释是，一个系统的部件确实可以在一个分步的过程中出现。事实上，有些细菌就使用了鞭毛的一些部件，用以附着在表面上或者释放蛋白质。

种群随时间发生突变和适应

02 基因

基因将生物信息代代相传，并形塑了一个生物的每一个性状，从体内的代谢到它的外观。一整套基因（即基因组）编码了构建一个个体的所有指令，并影响到它日后生长、生存和繁殖的能力。

基因是什么？字典会给出一些非正式的定义，比如“决定一个性状的一个遗传单位”。这也是很多人对于这个概念的理解，所以我们常常会说美女帅哥具有“好基因”，运动能力存在于“你的基因”之中，或者研究者已经发现了导致某某特征或疾病的“某某基因”。

不同的基因变体也被认为是“基因”，所以一个假想的决定智力的基因可以根据新闻报道关注点的不同而被称为“天才基因”或“愚蠢基因”。科学家们也会做同样的事情：比如，“果蝇的发育由驼背、无翅等基因控制”，这些命名便是根据它们突变后的效果，而不是正常时的效果。对于基因本质理解的混乱可部分归咎于这样一个事实，即在过去150年中，这个概念本身发生了相当大的改变。

遗传单位 数千年以来，人类一直在培育动植物以获得想要的性状，但关于这些特征是如何遗传的正确解释直到1865年才最终被揭示出来。奥地利神父格雷戈尔·孟德尔通过研究豌豆植物的花的颜色以及

大事年表

1865年
分立的遗传单位：孟德尔的实验表明基因是颗粒

1910年
不同的位点：摩根及其学生发现基因位于染色体上

1941年
构筑蛋白质的蓝图：比德尔和塔特姆显发现突变可以改变酶

种子的形状等性状是怎样代代相传的，开创了遗传学这门科学。他的豌豆培育实验所取得的统计数据让他推导得出了遗传定律，而这些定律暗示，决定特征的“元素”是相互独立的颗粒。这些分立的遗传单位，我们现在称为基因。

1910 年，基因从抽象概念变成了实体对象，当时美国遗传学家托马斯·亨特·摩根发现了一只果蝇，它因一个突变而导致眼睛由红色变为白色。他的培育实验结果表明，这一特征的遗传模式与性别相关联，而性别是由不同的性染色体决定的，所以染色体就是携带基因的实体结构。摩根及其学生还进一步表明，基因位于染色体的特定位置上，所以基因成为了一种位于特定“位点”的实体对象。

染色体由两种分子构成：蛋白质和 DNA（脱氧核糖核酸）。那么到底哪一种是遗传物质呢？1944 年，由奥斯瓦尔德·埃弗里、科林·麦克劳德和麦克林恩·麦卡蒂组成的美加三人研究团队发现，非致命细菌只有在 DNA 在场时才会转化为致命菌株，而在细胞的其他部分在场时都不会，从而证明了 DNA 是携带基因的分子。科学家之前一直认为蛋白质是遗传物质，因为它的化学构成单元（氨基酸）

先天经由后天

至少在生物学家眼中，不存在什么“先天与后天”之争。但双方的论证都很吸引人，这也是为什么新闻记者常常会将两者对立起来。一篇新闻报道可能会使用“某某基因”的说法来报道科学发现，暗示一个性状完全由先天决定。另一方面，一些社会科学家，特别是心理学家，则会声称，行为是由成长过程决定的。真理常常处在两个极端之间。以肥胖为例，通过决定能量代谢以及身体对运动响应情况的遗传变异，基因控制了一个人容易发胖的倾向（先天），但要想保持体形和健康，也意味着要少吃多动（后天）。因此，一个生物的特征和行为几乎总是其基因与环境之间相互作用的结果，即先天经由后天。

1944 年
实体分子：埃弗里、麦克劳德和麦卡蒂证明 DNA 是遗传物质

1961 年
转录的密码：克里克及其同事发现遗传密码使用三联体序列

1995 年
被标注的基因组实体：在 DNA 序列中预测基因，包括 RNA 基因

比DNA的四种核苷酸碱基更具多样性，使之成为更佳的承载生物信息的候选者。这种想法在1953年詹姆斯·沃森和弗朗西斯·克里克揭示出DNA结构之后得以改变，因为DNA双螺旋结构中的碱基互补配对提供了一种复制信息的方法。现在基因成为了一个实体分子。

蛋白质编码序列 蛋白质承担了身体中大多数的辛苦活，从形成细胞的内部骨架到充当组织之间的信号分子。其中最重要的是，许多蛋白质作为酶催化了驱动生命的代谢反应。基因对于一个生物的性状（表型）的种种影响不总是容易看出，但它们归根结底是基因型影响细胞内生化活动的结果。1941年，通过对面包霉菌进行X射线照射，美国遗传学家乔治·比德尔和爱德华·塔特姆发现，突变导致一条代谢途径中特定一些点处的酶发生了变化。这引出了“一个基因，一个酶”的观点（后来变为“一个基因，一个蛋白质”），从而将基因视为制造功能性分子的指令。也就是说，基因成为了构筑蛋白质的蓝图。

“看上去有可能，所有生物的大部分（如果不是全部的话）遗传信息都由核酸（通常由DNA）携带。”

——弗朗西斯·克里克

在破解DNA的结构之后，科学家开始解读细胞如何使用这些指令，将DNA的遗传密码翻译成蛋白质的语言。弗朗西斯·克里克及其同事在1961年做出的首个发现表明，基因使用由三个字母构成的单词，即所谓三联体。在随后的五年中，科学家发现，每个三联体都是一个密码，对应于蛋白质链中一个特定的氨基酸。但一段DNA序列在被翻译之前，它必须先被转录（读取和复制）成信使RNA（mRNA），所以基因必须编码一段不间断的三联体序列：一个开放阅读框。这个思路促使人们开始对基因进行测序。第一个被测序的基因来自噬菌体MS2，由比利时生物学家瓦尔特·菲耶尔在1971年完成。

1995年，美国遗传学家J. 克雷格·文特尔领导的一个团队发表了第一个完整的生物（流感嗜血杆菌）DNA序列，并通过在序列中寻找开放阅读框，预测了潜在基因所在的位置。现在基因组成为了存储在计算机中的数据，而基因成为了一个被标注的基因组实体。

功能性产物 以蛋白质为中心的观点现在仍是最通行的解释基因功能的方式，但DNA也包含制作各种RNA（核糖核酸）的蓝图。比如，将遗传密码翻译成蛋白质的过程需要用到小的转运RNA（tRNA）分子，而将氨基酸串联成蛋白质的核糖体便围绕着核糖体RNA（rRNA）形成。自20世纪80年代以来，更多其他类型的非编码RNA已经被发现，它们控制着遗传活动的方方面面。

双螺旋结构

基因携带生物信息，这些信息被编码为DNA中的核苷酸碱基序列。DNA双螺旋结构的美丽之处不在于它的螺旋形状，而在于两条链上碱基之间的互补配对。这使得每条链可以互为模板或备份，使之成为携带遗传指令的理想之选。

尽管有些生物（像细菌）的基因组主要由蛋白质编码基因构成，许多物种的基因组中绝大部分还是非编码DNA，比如人类基因组的98%都不编码蛋白质。进入基因组时代后，科学家发现，基因往往由分散在一条染色体上的几个片段构成，有时它们还会相互重叠。DNA还富含各种功能性元件，比如基因控制开关，它们可以远离相关的基因。2007年，工作于ENCODE（DNA元件百科全书）项目的耶鲁大学生物学家想出了一个新的、有点长的基因定义："一个基因是一些基因组序列的组合，编码了一套可能相互重叠的功能性产物。"

编码了功能性生物分子的遗传单位

03 细胞

细胞是生命的基本单位，它既可以成为一个独立的生物，也可以成为一个多细胞生物的一部分。每个细胞内部都富含各式各样的“部件”，它们能够进行数不清的代谢反应。因此，英文中“细胞”一词（cell）原来意指空的空间，就有点不无讽刺了。

1665 年，英国博学家罗伯特·胡克出版《显微图谱》一书，其中收录了他用显微镜和望远镜获得的观测结果。除了众多的昆虫和天体，他还细致绘制和描述了软木片中的蜂窝状结构。他将其中充满空气的空的空间称为“细胞”。

荷兰显微学家安东尼·范·列文虎克是第一个看到活细胞的人。从 1673 年起，他开始在写给英国皇家学会的通信中报告他的发现。他描述了一些微小的运动颗粒，并基于能运动就意味着是动物的假设，将它们称为“微动物”。列文虎克发现了许多微生物，包括单细胞的原生生物、血细胞、精子，乃至牙菌斑中的细菌。但之后相关研究的进展一直停滞不前，直到 19 世纪光学显微镜和新的组织制备技术的出现，使得窥探细胞内部成为可能。

细胞理论 所有生命都由细胞构成的思想，很有可能是由法国植物生理学家亨利·迪特罗谢在 1824 年最早提出来的，但这项荣誉通常被

大事年表

1673 年

范·列文虎克首次观察到包括细菌在内的微生物

1824 年

迪特罗谢提出所有生命都由能够进行代谢的细胞构成

1831 年

布朗认识到细胞核普遍存在于植物细胞中

归到两位德国人身上：植物学家马蒂亚斯·施莱登和动物学家特奥多尔·施万。1838 年，施莱登提出所有植物结构都由细胞或其产物构成，同时施万认为这一想法同样适用于动物。

施莱登和施万的细胞学说有三个原则：所有生物都由细胞构成、细胞是生命的基本单位，以及细胞通过结晶生成。我们现在知道其中最后一条是错误的：细胞并不是从无机物中自发生成的，而是现存细胞通过分裂产生的——这一过程由比利时人巴泰勒米·迪莫捷 1832 年在藻类中观察到，后又由波兰人罗伯特·雷马克 1841 年在动物细胞中观察到。

1882 年，德国生物学家沃尔瑟·弗莱明详细描述了细胞分裂过程。得益于油浸透镜以及可清晰标记出细胞结构的染料的发明，弗莱明使用靛蓝将染色体染色，结果清楚看到它们被复制并分配到两个子细胞中的过程。这一过程（被称为“有丝分裂”）并非在所有细胞中都会发生，只有在那些染色体被核膜包裹的细胞中才会发生。

生源说

在今天，我们认为疾病可由肉眼看不见的病菌所导致，但在过去，大多数人认为疾病是由“瘴气”或触染（污染或直接接触）引起的。荷兰显微专家安东尼·范·列文虎克揭示出肉眼无法看到的微生物的存在，但人们一直没有弄清楚那些与疾病有关的微生物到底是症状还是病因。然后在 19 世纪 50 年代，法国化学家和微生物学家路易·巴斯德表明，啤酒、葡萄酒和牛奶中含有能够繁殖并导致食物变质的细胞。加热这些液体就可以杀死细菌，这一方法如今被称为巴氏杀菌法。巴斯德的实验有力地驳斥了生命是从无机物质中“自发生成”的观点，并引导他得出结论：如果微生物能够导致腐烂，那它们也可能导致疾病。

细胞核 提起苏格兰植物学家罗伯特·布朗，我们可能首先想到的是布朗运动——微小颗粒在流体中的随机运动，但其实他在细胞生物

1838—1839 年

施莱登和施万提出细胞理论，认为细胞是生命的基本单位

1884 年

默比乌斯将单细胞生物中的结构称为细胞器

1962 年

斯塔尼尔和范尼尔提出原核生物与真核生物之分

原核生物与真核生物

生物要么是原核生物，要么是真核生物，取决于它们的细胞中是否具有细胞核。原核生物（比如细菌）的 DNA 位于细胞质中，而真核生物的遗传物质则被包裹在核膜中。真核细胞的结构更为复杂，并且具有由膜包裹的细胞器，比如线粒体和叶绿体。

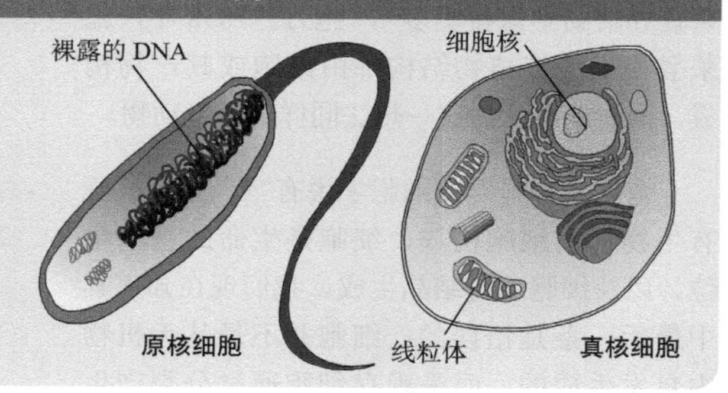

学方面也做出了很多贡献。1831 年，在林奈学会上宣读的一篇论文中，布朗注意到，“一个圆晕……或者说细胞核”可以在兰花叶片的不同组织中观察到，表明这一结构在细胞中普遍存在，因而应该也非常重要。

但细胞核并不是生命必不可少的：细菌就很乐意让它们的 DNA（一条环形染色体，并常常还有一些“质体”）裸露着漂浮在细胞质中。这可以成为一个优势，因为它可以快速响应代谢需求：遗传信息可以从 DNA 中读出，并在同时生成急需的蛋白质，而不需要先在细胞核中解旋、转录，然后再在细胞质中进行翻译。

生物可根据它们的细胞是否具有细胞核来加以分类：真核生物的细胞具有细胞核，而原核生物的不具有。这一区分由微生物学家罗根·斯塔尼尔和 C.B. 范尼尔在 1962 年提出。真核生物包括从单细胞原生生物到动植物等多细胞生物在内的众多生物，原核生物则包括细菌和古细菌。那么细胞核是如何出现的呢？对此有十几种假说，它们大致可分为两类：外源说认为一个外来微生物演化成了细胞核，内源说则认为一个细胞的细胞膜向内折叠而形成核膜。外源说具体又包括，诸如一个细胞生活在另一个细胞内部形成共生关系、一个原生生物被一个细菌群落所包围并在后来融合到一起，以及一个细胞被一个复杂病毒所感染等不同假说。

细胞器 1884年，德国动物学家卡尔·默比乌斯将单细胞原生生物内部的生殖结构称为细胞器。现如今，“细胞器”一词被用来描述任何在真核细胞中具有明确功能的结构。其中很多甚至可以与人体器官相类比：线粒体就像肺，呼吸氧气并释放能量；细胞骨架类似于肌肉和骨骼，提供运动和支撑；质膜则像皮肤，一道大体上无法通过的屏障；而细胞核就如同人脑，只不过它储存的是基因记忆，而不是过往经验的记忆。

原核生物则拥有更小的“器官”。不同于真核细胞的亚细胞结构被一层或多层膜所包裹，原核细胞的细胞器被包裹在由蛋白质构成的壳内。比如有些细菌就可以利用“磁小体”链感知地磁场，而有些则可以利用“羧酶体”聚集碳水化合物生成酶 RuBisCO。真核细胞也含有一些由蛋白质包裹的部件，即称为“穹隆体”的功能未知的神秘微型细胞器。

“如果将这种迷人结构的极端简单性与其内在本质的极端多样性两相比较，我们就可以清楚看出它是构成生物的基本单位；事实上，一切生命归根结底都源自于细胞。”

——亨利·迪特罗谢

尽管真核生物具有复杂的细胞，可以形成体型巨大的多细胞生物，但原核生物构成了地球生命的主体。最古老的真核细胞化石形成于大约15亿年之前，但简单微生物在那之前还要早上约20亿年就存在了。复杂性并不是演化成功的一个度量，更大并不意味着更好。

所有生物的结构和功能单位

04 生命的起源

在其历史的早期，我们的星球是一个充满蒸汽的地狱般世界。但到了35亿年前，生命便在上面诞生了（这可从一块发现于澳大利亚的古老岩石上的细胞状化石痕迹得到证明）。那么地球上的生命如何从无生命的、无机的过程发展而来，并发展出诸如基因、代谢和细胞膜等关键特征呢？

20 世纪 20 年代，苏联生物化学家亚历山大·奥帕林和英国数学生物学家 J.B.S. 霍尔丹各自独立提出，生命起源于一种“原始汤”。简单分子之间的化学反应（可能由太阳能驱动）使得海洋中的有机化合物越来越复杂，创造出霍尔丹所谓的“热稀汤”。对这个理论最著名的验证实验是米勒 – 尤里实验。1953 年，美国化学家斯坦利·米勒在芝加哥大学哈罗德·尤里实验室工作时，试图重建当时认为的原始地球的条件。他将一种由甲烷、氨气、氢气和水蒸气（但没有氧气）构成的混合气体填充到一个玻璃仪器中，并释放电火花模拟闪电。最终他得到了一种含有诸如氰化氢、醛和简单氨基酸等有机前体物的溶液，但并未得到聚合物。看上去创造出稀汤还不足以重现生成生物分子的必要条件——这还需要一个“碗”，使得生命的成分不断浓缩。

创生的摇篮 达尔文在 1871 年写道，他希望第一个生命是诞生于

大事年表

20 世纪 20 年代
奥帕林和霍尔丹提出“前生物汤”理论

1953 年
米勒 – 尤里实验在实验室中制造出有机分子

1982 年
切赫发现第一种核酶（具有催化功能的 RNA 分子）

“某个温暖的小池塘里”。在那之后，又有无数生命诞生地被提了出来：一些人认为生命开始于热泉中，还有一些人认为它们是在海滩大小的火山浮石的孔道中孕育的。

然而，很多研究者相信生命起源于水下——一方面是因为早期的地球没有稳定的大陆，另一方面则是因为雨水会稀释掉陆地上所有的“汤”。目前有关生命摇篮的主流理论涉及碱性热泉喷口。它们类似于在大西洋中脊发现的那些，在这些地方，富含铁和硫的过热水从海床溢出，其中的矿物质沉淀形成多孔的矿物小丘。周围的水可以达到沸点，但温度又足够凉爽，足以支持一个生态系统。这一理论由英国地球化学家迈克尔·拉塞尔在 1997 年提出，他认为热泉喷口在同一位置提供了生命所需的两个条件：能量和物质。

先有遗传，还是先有代谢？然而，对于踏上生命历程的第一步，大家仍然没有形成共识。直到 20 世纪中期，许多科学家还认为蛋白质是遗传物质。奥帕林和霍尔丹就都相信蛋白质能够编码指令，制造出一种称为“团聚体”的有机小液滴，后者在通过一个原始的代谢过程吸收其他有机分子后能够自我复制。奥帕林认为遗传信息是通向生命的第一步，而霍尔丹则认为代谢反应出现在先。现如今，大多数相关研究者仍然分属这两个阵营：先有遗传，或者先有代谢。

分歧归根结底可归结到能量和物质是如何使用的。认同先有遗传的科学家认为所有生命都能繁殖，所以一个前生物系统必定已经编码了制造某种产物（比如酶）的指令，以帮助把材料聚集在一起，使得基因能够自我

1997 年
拉塞尔提出代谢起源于热泉喷口

2002 年
乔伊斯创造出能够自我复制的核酶分子

2004 年
绍斯塔克制造出能够帮助复制 RNA 的原始细胞

胚种论

根据胚种假说，生命的种子已经遍布整个宇宙。1903 年，物理化学家斯凡特·阿仑尼乌斯提出，微生物有可能在太阳辐射推动下穿越宇宙空间。当然，它们不太可能独自完成这样的旅行，因为遗传物质会被破坏，但通过搭乘陨石之类的星际物体在理论上是可能的，毕竟有数十种地球物种已经在它们的太空之旅中存活了下来，这包括细菌和一类称为缓步动物的微小动物。但与这一假说有关的绝大多数想法都是毫无根据的猜测：比如“控制胚种论”暗示存在外星人的人为干预，而天文学家弗雷德·霍伊尔和钱德拉·维克拉玛辛赫曾提出地球上某些疾病的爆发起源于外太空。唯一一个基于科学证据的假说是“伪胚种说”，它认为撒播到地球上的生命种子是有机化合物，而不是完整的生物。通过化学分析，人们在诸如默奇森陨石等天体上发现了脂肪酸、氨基酸和核酸碱基。一种理论就认为，许多生命的构建模块是在约 40 亿年前的后期重轰炸期来到地球的，那个时期经常有大型小行星撞击地球。

复制。认同先有代谢的研究者则认为，生命是一个消耗能量的过程，所以需要代谢反应收集能量和组装分子。

先有遗传的支持者会问：物质是如何组装的？先有代谢的支持者则会问：做这件事情所需的能量从何而来？热泉喷口假说属于“先有代谢”阵营：由于海水的酸性比热泉喷口中涌出的碱性液体强得多，这就在矿物小丘中连通的孔道内产生了电化学梯度，因而酸性海水中的氢离子（H^+）会沿着指向喷口内部的浓度梯度流动。就像水压能够驱动水力发电站中的涡轮机，这种梯度产生的能量可为孔道中的分子所获取。

RNA 世界　科学家确有共识的一件事是，第一个遗传系统与我们今天所知的不同。现代细胞将指令存储在 DNA 中，并利用蛋白质实现诸如用酶催化反应之类的功能。但由于是 DNA 制造了蛋白质，这引出了一个先有鸡还是先有蛋的悖论。不过，对此的一条线索就暗藏在核糖体的中心。核糖体是细胞用以合成蛋白质的分子机器，其中包含由 RNA 构成的、与酶功能类似的核酶。1982 年，美国化学家托马斯·切赫最先发现能够独立承担催化功能的 RNA；2002 年，分子生物学家杰拉尔德·乔伊斯制造出一种能够自我复制的 RNA 酶，使得指数生长和可持续的演化成为可能。这一发现支持了英国科学家弗朗西斯·克里克和莱斯利·奥格尔在 20 世纪 60 年代提出的一个构想，即所有前生物系统可能都曾基于 RNA，也就是所谓的“RNA 世界”假说。

那么为什么是 RNA，而不是其他分子呢？2009 年，英国化学家马修·泡纳和约翰·萨瑟兰发现了解决这个问题的一条线索。他们煮了一锅“可合理认为符合前生物时期情况”的汤。暴露在紫外线照射下，汤中的物质转化为了胞嘧啶和尿嘧啶，它们是构成 RNA 的四种碱基中的两种。这表明第一个遗传系统起源于“阳光选择”驱动的演化。

“在生命诞生之前，[有机物质]必须不断积累，直到原始海洋达到热稀汤的浓度。”

——J.B.S. 霍尔丹

原始细胞 细胞是生命的基本单位，将基因以及代谢与环境分隔开来。现代细胞被包裹在双层磷脂膜中，但早期的“原始细胞”很有可能使用的是由脂肪酸构成的小泡。就像水中的油滴，脂肪酸会聚集在一起，并自组装成球体。加拿大生物学家杰克·绍斯塔克一直致力于研究 RNA 的自我复制会如何影响原始细胞。由于小分子能够穿透膜，RNA 的构建模块便可进入小泡中，然后相互串接在一起，并因为变得太大而无法离开。2004 年，绍斯塔克发现原始细胞内的液体浓度会变得越来越高，因而水会渗透进来，导致小泡膨胀直至爆裂，使得脂肪酸必须重新组装。因此，细胞的生长和分裂最初可能是由自我复制的 RNA 驱动的物理效应的结果。

科学家可以操弄试图再现原始条件的前生物汤，或者找寻与当初的基础生化过程类似的生态系统，但我们仍然可能永远无法确切知道生命是如何诞生的。但无论它起源自哪里，在某一时刻，第一批能够自我复制的小泡离开了原来舒适的孔道，成为了自生细胞——第一批生物于是诞生了。

从化学到生物学的转变

05 演化树

演化史常常被描述为一棵树，其中树枝代表着源自共同祖先的后代，树根则指代第一批细胞。但物种（尤其是微生物）之间的关系可能相当复杂，因而可能无法用这种方式来呈现所有生命。

第一批细胞诞生于35亿到40亿年前，但现存所有地球生命的始祖，即最后共同祖先（LUCA）可能类似于现代细菌或古细菌。对此的一项证据是，所有生物都共享同一套遗传密码系统。从这些树根上生长出了演化树上现存的和已灭绝的所有物种——这是一个描述演化史的强有力的隐喻，但它准确吗？

生命的阶梯 演化有时候会被错误地认为是一次从原始到完美的进步历程，其中人类则是造物发展的顶点。这个思想源自亚里士多德以及“存在之链”的概念。在约公元前350年，这位古希腊哲学家把万物（有生命的和无生命的）在一部阶梯上依次排开：石头在底部，人类在顶部（之后《圣经》会把我们降格，位居上帝和天使之下）。亚里士多德既不是神创论者（相信生命突然之间出现），也不是演化论者（认为所有物种源自共同祖先）。他其实是“永恒论者”，相信万物永恒存在。基于对肉生蛆等现象的观察，亚里士多德还相信新生命是从非生物物质

大事年表

约公元前350年	1735年	1859年
亚里士多德将万物沿着阶梯依次排开	林奈根据相似性将动植物分类	达尔文的《物种起源》给出了一张演化树的草图

中“自发生成”的。自然发生说后来被路易·巴斯德在1859年推翻。

阶梯隐喻在之后的两千多年里一直深入人心。1735年，瑞典博物学家卡尔·林奈出版了《自然系统》一书，其中他使用了表明种和属的双名法（比如我们智人的学名是“Homo sapiens”）为生物分类。生物分类法（通过共同性状为生物分类）由此诞生。林奈还将自然界的万物分为动物、植物和矿物。演化树则在一个世纪后出现，其中一个著名例子是德国生物学家恩斯特·海克尔在1874年绘制的“人类的进化”——一棵巨大的橡树。然而，这棵“树”仍然暗示存在一部进步的阶梯，因为人类正位于树冠的顶处。

演化树 《物种起源》全书只有一张插图，那就是一棵说明“带有改变的传承”（演化）的树。物种一代代进行传承，有的发生改变，分出新的枝杈。一直延伸到树冠的线段代表现存的物种，其余的则已经灭绝。达尔文的树上并没有标明实际的物种，但博物学家很快就用它来表示演化史。海克尔是达

横向基因转移

来自一个生物的遗传物质有时可被另一个生物的基因组所吸收。1928年，细菌学家弗雷德里克·格里菲思发现，肺炎球菌在吸收了致命细菌的一个“转化因子”（现在称为DNA）后，会从非致命性菌转化为致命性菌。这种“横向基因转移”在微生物和病毒中较为常见，但在多细胞生物中比较罕见。大多数已知的转移个案出现在亲缘关系密切的物种之间，比如共生搭档或者寄生物与其宿主。细菌和真菌捐赠的基因最终会进入一些“简单”动物的体内，比如海绵、昆虫和线虫。转移到脊椎动物的情况看来尤为罕见，但DNA可经由病毒以及其他可动遗传因子定期在基因组之间移动。基因工程是一种人为的横向基因转移，而人们对此的一个担忧便是，遗传修饰生物在回到野外后，身上的“外源”DNA可能会转移给其他物种。尽管这种可能性确实存在，但自然界横向基因转移的情况极为罕见，表明这种风险是非常低的。

1859年
巴斯德驳斥了生命从非生物物质中自发生成的理论

1928年
格里菲思的细菌吸收DNA实验成为横向基因转移的一个例子

1977年
乌斯提议将生命分为三个域

尔文的早期追随者，早在 1866 年，他将生命之树分成了平行的三枝：植物、原生生物和动物。

那么我们如何能够重构生命的家族树呢？今天的科学家使用一种称为支序分类学的方法：如果某个类群的生物具有相同的性状，我们可以推断出它们拥有一个共同祖先。它们具有的共同特征越多，它们的关系就越紧密。支序分类学使得科学家可以构建出系统发生树。对于已灭绝的物种，可比较的性状只能通过分析化石获得。而对于现存的物种，我们可以通过比较遗传信息来发现差异。20 世纪 70 年代中期，美国微生物学家卡尔·乌斯利用核糖体（细胞的蛋白质制造机器）中的 RNA 进行了分析比较。他注意到，一个类群的微生物（产甲烷菌）缺少所有其他细菌都拥有的一段 RNA 片段，表明它们是一个独特的类群。乌斯于是提议，生物应分成三个“原界”（现在称为“域”）：真核生物以及两个原核生物类群——细菌和古细菌。

对于一个通用系统发生树应该是什么样子的，科学家还没有达成共识。三域系统已经被广泛接受，但仅是次一级的分类（界）就在不断变动。树的结构取决于比较的是哪些性状，而对于哪些性状最为紧要，研究者各执一词。支序分类学也会给分类带来问题：在一个系统发生树中，一个严格意义上的“单系”分支或类群应该囊括一个共同祖先的所有后代，又不掺入其他生物。不符合这条规则的分支被称为“并系”。比如爬行类就是一个并系群，因为它们排除了鸟类。而尽管是温血动

系统发生树

科学家对于演化树的具体模样还未有定论。在下图中，生物被分成六个界（分支）、三个域（表示为黑体）和两个帝国（原核生物和真核生物）。根部的 LUCA 是地球上现存所有生物的最近共同祖先。

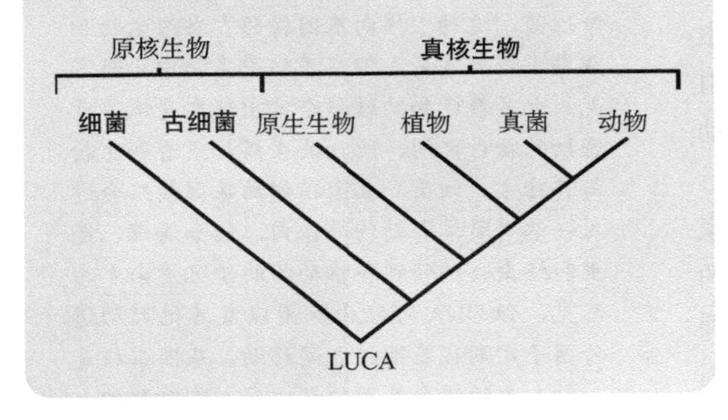

物，鸟类是属于爬行类的恐龙的后裔，所以也属于爬行类。

演化网 共同起源意味着通过基因的“纵向”转移，性状得以代代相传，但一个生物有时可从其亲本之外获得遗传物质，即所谓的“横向基因转移”。鉴于基因容易发生这种交换，美国生物化学家 W. 福特·杜立德在 1999 年提出，“生命史无法用一棵树恰当表示”。横向基因转移在多细胞真核生物中相对少见，但它在原核生物中似乎很常见：比如以色列裔德国生物学家塔勒·达冈在 2008 年就发现，在 181 种原核生物中，有超过 80% 的基因曾涉及横向转移。所以至少对原核生物来说，其演化史像是一张网。

> “质疑共同祖先学说，必然也要质疑通用系统发生树。而这个吸引人的树的意象已经深深根植于我们对于生物学的理解当中。”
>
> ——卡尔·乌斯

那么是不是就不存在演化树了？这取决于其中的分支代表什么。达尔文的插图引出了基于解剖学的“物种树”，而 DNA 让现代生物学家得以建立“基因树”。因此，如果一个分支代表通过纵向演化传承的基因组，那么生命史大致具有一个树的形状：树干分成三个域（真核生物、细菌和古细菌），它们之下是生命的起源；同时横向基因转移的细枝将原核生物的枝杈相互连接成一张网。而如果第一批细胞是像原核生物那样的东西，那么有可能我们的最后共同祖先不是一个单一的物种，而是一个存在基因交换的多样化微生物区系。

演化史并不总是一棵简单的树

06 性

鸟儿在做，蜜蜂在做，甚至单细胞的酵母也在做。但生物学家却很困惑：尽管明明是一种更浪费资源的繁殖方式，大多数复杂生物仍然更偏爱有性繁殖而胜过无性繁殖。所以为什么性如此普遍？

当你在野生动物纪录片或动物园中看到动物交配时，你一眼就能认出，哪怕这发生在你不熟悉的物种身上。但有性繁殖却很难定义。最简单来说，它使来自不同个体的基因结合在一起。微生物学家会喜欢这个定义，因为这意味着细菌也会发生性行为，它们可以通过相互交换或者从病毒及其周围环境中获取 DNA。但很多科学家更偏爱一个更狭义的性的定义：性是两个配子的结合，每个配子携带一半基因组。如果配子细胞大小相同（比如酵母的配子），它们是不同的“交配型”；但更一般而言，较小的配子是精子，较大的是卵子。

配子的形成涉及减数分裂。在这一过程中，配对的染色体会交换 DNA（重组，参见第 8 章），然后相互分离并分配到两个细胞中。两个配子通过受精结合，而个体的性别（雄性或雌性）并不是基于其生殖器官，而是基于其产生的是精子还是卵子。

大事年表

1887 年
魏斯曼提出有性繁殖能为自然选择提供变异

1930 年
费希尔提出染色体重组将有益突变结合在一起

1964 年
穆勒提出重组能阻止有害突变积累的棘轮效应

雄性的双倍成本

右图中的正方形代表雄性，圆形代表雌性。在有性繁殖（左）中，假设每个个体生育两个后代，一儿一女，那么种群规模将保持不变。而在无性繁殖（右）中，无性繁殖的母亲的数量会迅速增加，最终在竞争中胜过有性繁殖的个体。由于雄性不能自己繁殖，所以生育它们其实是在浪费资源。

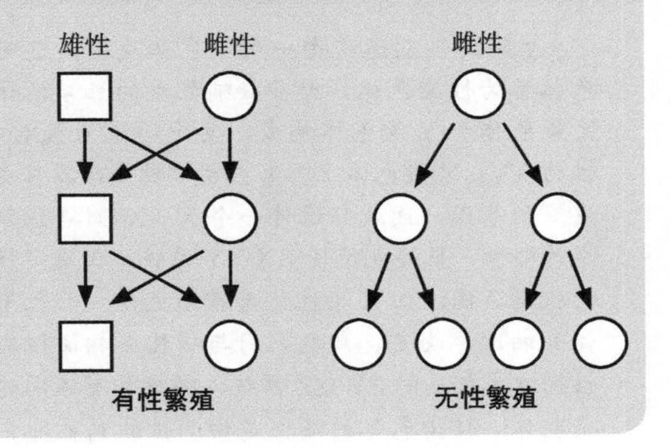

成本 关于性最令人不解的事情不在于它是如何出现的，而在于它为什么会出现。仔细想想，无性繁殖其实应该更普遍。试想一个人类种群，每对夫妇生育两个孩子，平均一个男孩和一个女孩。现在设想一个突变导致女性可以无性繁殖，而她的女儿也是如此。这些无性繁殖的母亲具有两倍的生育率，每一代的人数会翻番，最终导致有性繁殖个体（包括所有男性）的灭绝。有性繁殖的这个缺点，即雌性只能生育一半数量的后代，被称为“性的双倍成本”。

“双倍成本”的概念由美国生物学家乔治·威廉姆斯在他 1975 年的著作《性与演化》中提出。威廉姆斯认为这是“减数分裂的成本”，因为父母双方只贡献了一半基因到配子中。之后在 1978 年，英国科学家约翰·梅纳德·史密斯在《性的演化》一书中提出，双倍成本其实是

1975 年
威廉姆斯提出有性繁殖的成本是无性繁殖的两倍

1978 年
梅纳德·史密斯提出性的收益不足以抗衡生育雄性的成本

1978—1980 年
杰尼克和汉密尔顿提出有性繁殖有利于抵抗寄生物

染色体与性别

生物的性别通常由一对染色体决定，这对染色体称为性染色体。大多数哺乳类的性染色体由 X 染色体和 Y 染色体构成，其中雌性为 XX，雄性为 XY。Y 染色体上具有控制雄性生殖器官是否发育的基因，因此只遗传一个 X（X0）染色体会成为雌性。果蝇也使用 XX/XY 系统，但决定性别的机制不同：由 X 染色体与常染色体（非性染色体）的比率决定。鸟类采用与哺乳类相似但决定性别方式相反的 ZW/ZZ 系统，雌性具有不同的性染色体。性染色体的演化是由两性的利益冲突所驱动的——比如一个雄性希望一位母亲将所有资源用于生育后代，这会导致产生损人利己的性别对抗基因。由于两性拥有相同的基因库，所以这些基因一开始出现在同一染色体上，但正如罗纳德·费希尔在 1931 年提出来的，自然选择将导致有利雄性的基因或有利雌性的基因与决定性别的基因相连锁（这样它们只会在能发挥优势的性别中出现）。随着时间的推移，这对染色体之间的交换逐渐减少，从而产生了两条不同的染色体。

“雄性的成本”，因为它们不能单独繁殖。最近，尤西·莱赫托宁、迈克尔·詹尼奥森和汉娜·科科则提出，这一成本受到父母投入经济学的影响：无性繁殖的雌性之所以能够在竞争中胜过有性繁殖的个体，是因为她们没有浪费资源去生育雄性，后者在几乎无成本地生产大量精子，而雌性则要花费大量能量生产巨大的卵子。在 2012 年发表的论文《性的众多成本》中，这三位演化生态学家还指出，成本并非是两倍，因为父母的投入并不是仅仅生产配子那么简单。

收益 为了在种群中维持性，性所带来的好处必须超过在竞争中被无性繁殖的雌性胜出的成本。1887 年，德国动物学家奥古斯特·魏斯曼提出有性繁殖“或许可被视为个体变异的来源，为自然选择的实施提供了物质材料”。遗传学家后来发现，变异是通过突变和重组产生的，父本和母本染色体对之间遗传物质的交换产生了新的基因组合。

1930 年，英国种群遗传学家罗纳德·费希尔提出，性通过重组使来自父母的有益突变结合在一起。美国遗传学家赫尔曼·穆勒也在 1932 年提出类似的想法，并在 1964 年进一步提出，性还阻止了有害突变在 DNA 中随时间积累。没有重组，“穆勒的棘轮”甚至可能会让一个物种灭绝。

基于费希尔 – 穆勒假说，一个关于性为什么能够存在的理论认为，它能够破除对于自然选择的干扰。重组使位于比如同一染色体上的连锁基因相互分离，使得大自然可以侦测到它们各自的效果。如果连锁基因不能相互分离，其中一个基因上的一个突变（对生物的适合度影响更大的那个）就会盖过另一个基因上的一个突变。简单来说就是：第一个基因“干扰”了自然选择对于第二个基因起作用的能力。染色体的交换则能破除这种效应，使自然选择更加有效，使得物种能够更好地适应。但这个理论也存在问题，比如重组不仅能将好的基因结合在一起，也能将它们分开。

“有性繁殖短期来看不具有遗传优势，不足以抗衡不生育雄性的双倍收益。”

——约翰·梅纳德·史密斯

另一个有关性的主流理论是，它能够提高生物对于寄生物的抵抗力。20 世纪 70 年代末，约翰·杰尼克和 W.D. 汉密尔顿提出，性可以创造出罕见的基因组合，使得它们的携带者能够抵御那些习惯了拥有常见遗传变体的宿主的寄生物。这个理论得到了多项田野研究的支持。比如，新西兰泥蜗牛存在由有性繁殖个体和无性繁殖的雌性个体构成混居种群，后者可以通过单性生殖的方式生育女儿。2009 年，尤卡·约凯拉、马克·迪布达尔和柯蒂斯·莱夫利发现，无性克隆体（它们在 20 世纪 90 年代非常常见）由于更容易感染吸虫，在十多年时间里数量锐减。

尽管少数爬行类、两栖类和鱼类也使用单性生殖，但有性繁殖依然是复杂生物的主流繁殖方式。估计有 99.9% 的动物和开花植物选择了这种方式，表明不管选择有性繁殖的具体原因是什么，它所带来的收益必定超过了它的成本。

有性繁殖创造出新的基因组合

07

遗传

性状在一些适用于从植物到人类的所有生物的共同规律指导下代代相传。对于这些遗传规律的发现揭示出遗传信息是以分立的颗粒，即我们今天称为基因的遗传单位传递的。

达尔文在很多事情上都说对了，但像任何优秀的科学家一样，他也坦然承认自己的理解中存在空隙。最为值得一提的是，他不理解性状如何从父母传给后代。比如为什么有些特征会跳过一代（隔代遗传），使你看上去更像（外）祖父母而不是父母？正如达尔文在 1859 年所写的，“控制遗传的法则还相当未知”。当时的几乎所有博物学家（包括达尔文在内）都相信，一个后代的特征（比如其肤色或毛色）是其父母的相应性状的混合。

遗传的混合理论在 1865 年被奥地利神父格雷戈尔·孟德尔证明是错误的。在布尔诺自然史学会的两次会议上，孟德尔报告了他长达八年的豌豆育种实验所取得的成果。在实验中，孟德尔和他的助手使用画笔小心地将花粉从一株植物的雄蕊转移到另一株植物（异花传粉）或同一株植物（自花传粉）的雌蕊。

孟德尔研究了七个性状：茎的高度（高或矮）、花的颜色（紫或白）

大事年表

1865 年	1868 年	1883 年
孟德尔提出遗传定律，表明遗传单位是分立的颗粒	达尔文提出生物信息世代传递的泛生论假说	魏斯曼提出遗传的种质学说，推翻泛生论

和位置（腋生或顶生）、豌豆的形状（圆粒或皱粒）和颜色（黄或绿），以及豆荚的形状（膨大或皱缩）和颜色（绿或黄）。实验的最初几年用于通过自花传粉培育后代，直到它们每一代都表现出相同的性状。然后将这些纯种植株相互杂交，再让杂种相互杂交。在每一步，孟德尔都仔细记录下表现出某个性状的后代的数目，而这些观察构成了解释生物信息如何遗传的基础。

遗传定律 孟德尔将具有不同性状的纯种植株杂交后，后代的性状会与一个亲本相同，而不会表现为两个亲本性状的混合。将圆粒豌豆与皱粒豌豆杂交不会产生半皱豌豆。事实上，后代只会遗传其中一个的性状。圆粒豌豆与皱粒豌豆杂交只会长出圆粒豌豆。孟德尔意识到两个性状中有一个占主导，并用大写和小写字母表示这种关系。对于豌豆的形状，圆粒（R）是“显性的”，皱粒（r）则是“隐性的”。

孟德尔的豌豆实验

将纯种的圆粒豌豆与纯种的皱粒豌豆杂交后，所有后代都表现为圆粒豌豆，所以圆粒是显性性状。而将子一代（F_1）相互杂交后，一些子二代（F_2）植株重新出现隐性的皱粒性状。这表明控制性状的基因是作为分立的单位进行遗传的。

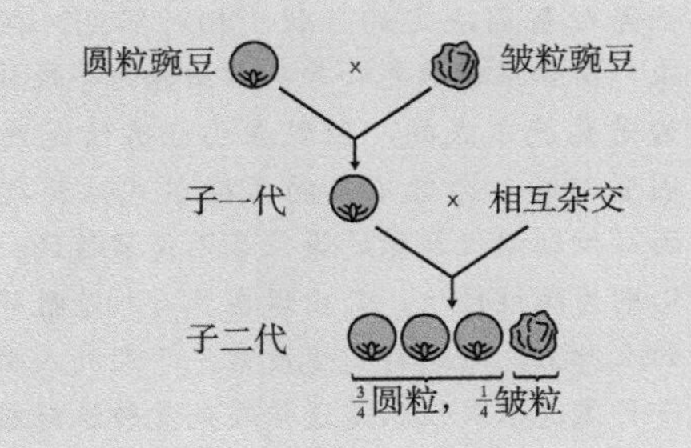

通过纯种植株杂交培育出的子一代（F_1）只会表现出显性性状，比如圆粒豌豆。但将子一代相互杂交后，子二代（F_2）中某些植株会表现出它们纯种（外）祖父母的隐性性状。孟德尔由此得出结论，每个性状由成对的“元素”确定，它们一个来自父亲，另一个来自母亲，并会在

1900 年
孟德尔的豌豆实验被欧洲植物学家重新发现

1905 年
英国科学家证明遗传单位可以违背遗传定律

1909 年
约翰森使用“基因”一词来描述决定性状的遗传单位

传递给下一代之前相互分离。这便是遗传学第一定律：分离定律。

在统计了表现出每个性状的子二代的数目后，孟德尔发现，表现出显性性状的植株数目与表现出隐性性状的植株数目比率总是 3:1。这可通过决定性状的元素是成对遗传的加以解释：子二代拥有的四种可能组合分别是 RR、Rr、rR 和 rr，其中四分之三携带显性的 R。尽管子一代的 Rr 植株长有圆粒豌豆，但它们也携带 r 元素，所以如果相互杂交，rr 组合就会在它们的后代中重新出现。这解释了为什么性状可以跳过一代，使你看上去更像（外）祖父母而不是父母。

人类的孟德尔式性状

遵循孟德尔的遗传规律、由单个的显性和隐性等位基因决定的性状，相对罕见。在人类身上，诸如眼睛颜色和舌头卷曲能力等性状曾被认为是孟德尔式的，但现在已经弄清是由多个基因引起的。为数不多的孟德尔式性状之一是耳垢：控制湿性耳垢的等位基因是显性的；干性耳垢则为隐性性状，只出现在具有双隐性等位基因的人身上，而这种突变最常见于亚洲人群中。另一种孟德尔式性状是遗传疾病囊肿性纤维化，它表现为肺部和消化系统中黏液的过度积累，是由 CFTR 基因中的一个隐性突变（由显性基因变成隐性基因）引起的。孟德尔式疾病也可以由显性突变（由隐性基因变成显性基因）引起，比如亨廷顿舞蹈症。这种神经退行性障碍是由基因的一个有缺陷拷贝导致的，这时即便另一个等位基因是正常的，携带者也会患病。

孟德尔还研究了性状的组合，比如将黄色圆粒豌豆（两者皆为显性性状）和绿色皱粒豌豆（两者皆为隐性性状）杂交。这不仅产生了与其父母性状相同的后代，还产生了具有新的性状组合的后代，比如黄色皱粒豌豆和绿色圆粒豌豆。这表明当决定一个性状的遗传元素相互分离时，决定每个性状的遗传元素也相互分离。这便是遗传学第二定律：自由组合定律。

基因 决定性状的遗传“元素”如今称为基因，导致不同性状的变体则称为等位基因。等位基因对的组合构成了一个个体的基因型：由两个相同等位基因构成的基因型（RR/rr）称为纯合基因型，由不同等位基因构成的（Rr/rR）则称为杂合基因型。遗传活动的结果表现为表型。不同于混合理论所预测的连续变化，孟德尔的实验证明了遗传单位是不会混合的分立的颗粒。现如今，我们称这些遗传单位为“基因”（gene），这个说法由丹麦植物学家威廉·约翰森在 1909 年提出。

违背定律 孟德尔的工作此后一直没有得到多少重视，直到它在 1900 年被人们重新发现。但当生物学家开始重复这位神父的实验时，他们发现，尽管孟德尔所研究的七个性状得到了与之前相同的结果，但其他一些性状的遗传却违背了孟德尔定律。比如在 1905 年，英国遗传学家威廉·巴特森、伊迪丝·丽贝卡·桑德斯和雷纳丁·普纳内特将紫花、长花粉粒的纯种植株与红花、圆花粉粒的纯种植株进行杂交。由于紫花和长花粉粒是显性性状，子二代（F_2）中具有红花、圆花粉粒性状的应该只占 1/16，但实际结果却比预期多三倍。

“如此大费周章确实需要一点勇气……但［它要解决的问题的］重要性，在生命演化史中怎么说都不为过。”

——格雷戈尔·孟德尔

这个英国三人研究团队提出，花的颜色和花粉粒形状可能以某种方式耦合，这就能解释为什么这些性状组合在世代传递中总是倾向于一起遗传。后来的重组研究将揭示出，性状的耦合是因为相应基因在同一染色体上相连锁。遗传学家已经发现众多违背孟德尔定律的例子，包括共显性等位基因以及由多个基因确定的复杂表型等。要么出于有意，要么出于运气，孟德尔研究的七个性状都遵循他的遗传定律，但其他一些则不遵循。尽管单纯的“孟德尔式”性状比较罕见，但遗传定律仍然解释了生物信息世代传递的背后机制。

性状通过称为基因的分立的单位进行遗传

08 重组

基因不是以分立的颗粒形式世代相传，而是犹如珍珠串成串，线性排列在染色体上。这不仅解释了为什么有些性状可以一起遗传，还允许后代通过基因重组的洗牌过程从父母那里获得新的基因组合。

作为一门现代科学的生物学的起点，可以追溯到确切的时间、地点和人物：1910 年 4 月，哥伦比亚大学的“蝇室”，美国遗传学家托马斯·亨特·摩根。两年前，摩根开始研究遗传性状如何影响动物发育。他需要一种能够定期快速繁殖的实验动物，所以一开始锁定了每 12 天就能生育一代的黑腹果蝇。在这个弥漫着强烈的腐烂香蕉气味的狭小实验室中，摩根和他的学生将最终揭示出格雷戈尔·孟德尔先前没有发现的遗传规律，并证明基因位于染色体上。

染色体 原核生物（比如细菌）只含有单一一条环形染色体以及称为质体的额外结构，真核生物则使用线性染色体。1923 年，美国动物学家西奥菲勒斯·佩因特通过在显微镜下计数，提出我们人类总共有 48 条染色体。然后在 1956 年，蒋有兴和阿尔伯特·莱文将这个数目修正为 46：一对性染色体（通常是 XX/XY），外加 22 对“常染色体”。人类

大事年表

1878 年
弗莱明观察到在细胞分裂期间的染色体及其分离

1902 年
博韦里和萨顿分别提出染色体是遗传的物理结构

1910 年
摩根证明基因位于染色体上，而这允许连锁和交换的发生

和果蝇都是“二倍体”，即配对的染色体分别来自父本和母本，但有些物种是“多倍体”，拥有多套染色体，还有一些则是“单倍体”，只有一套染色体。

遗传图

我们如何确定基因在染色体上的位置？基于重组对遗传统计的影响，摩根的一位学生艾尔弗雷德·斯特蒂文特设计了一种方法：如果两个基因彼此相邻，那么它们发生交换分离的概率几乎为零；而如果两个基因相距很远，那么它们被分离的概率为五五开。这可以从新性状的组合上反映出来：如果某个组合总是一起遗传，其“重组频率”为零；而如果一半后代具有一个不同于亲代的新组合，则重组频率为50%。通过计算任意一对性状的重组频率，斯特蒂文特便能计算出任意一对基因之间的相对距离。他用导师的名字将这个距离的单位命名为厘摩（centiMorgan, cM），并借此在果蝇染色体上定位了所有具有可观测的表型效应的遗传性状。

染色体，这一由DNA和蛋白质构成的结构，最早由沃尔瑟·弗莱明1878年在观察细胞分裂时发现。然后在1902年，德国生物学家特奥多尔·博韦里和美国遗传学家兼外科医生沃尔特·萨顿各自独立提出染色体携带基因的猜想。博韦里观察到海胆胚胎需要染色体才能正常发育。萨顿则通过观察这一结构在蚱蜢细胞分裂时的行为，提出精子和卵子分别携带通过“减数分裂”（参见第20章）产生的一套染色体，从而使得胚胎最终可以含有配对的染色体。萨顿在其研究的结尾写道：“分别来自父本和母本的染色体的配对结合，以及后续它们在减数分裂中的相互分离……可能构成了孟德尔遗传定律的物理基础。”

连锁基因 在研究果蝇期间，摩根希望找到发生了一个突然变化（即一个突变）的个体，但前两年时间一直没有找到一个显著的突变。然

1913年
斯特蒂文特利用重组频率绘制遗传图

1931年
克赖顿和麦克林托克观察到染色体之间的物理交换

1964年
罗宾·霍利迪通过霍利迪连接体解释交换过程

交换

基因位于染色体上，托马斯·亨特·摩根将这个物理结构类比于珍珠串成串。在分离亲本性状的组合、生成生殖细胞时，同源染色体之间发生交换，从而导致重组。

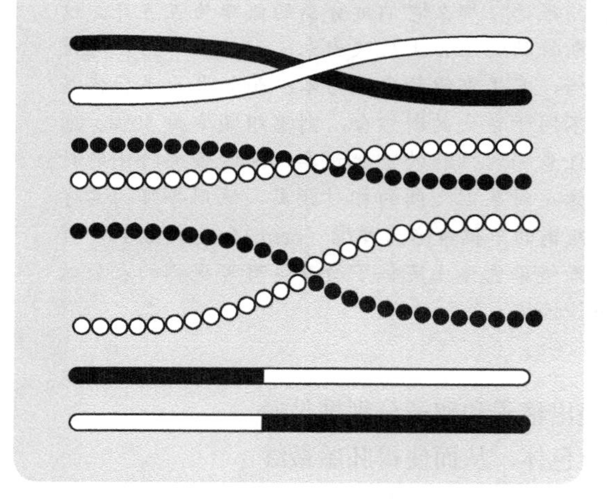

后在 1910 年，他发现了一只雄性果蝇，它的眼睛是白色的，而不是通常的红色。当这个突变体与红眼雌性交配后，所有后代的眼睛都是红色的。这表明红眼等位基因是显性的，而白眼等位基因是隐性的，它们服从孟德尔的遗传定律。而当摩根让这些红眼后代相互杂交之后，子二代也具有预期的孟德尔定律揭示的 3:1 比例，只是现在有一个重要差异：有些雄性是白眼，但没有雌性是白眼。

摩根意识到眼睛颜色与性别相连锁，而后者是由染色体决定的。果蝇是二倍体，配对的染色体分别来自父本和母本：除了三对常染色体，还有一对性染色体，其中雄性为 XX，雌性为 XY。根据遗传表现出的模式，摩根指出，雌性只有从父母都继承白眼基因时才会表现出这一性状，所以决定眼睛颜色的基因必然位于 X 染色体上。更一般地，这表明基因位于一种物理结构上，这便是遗传的染色体理论。

通过研究诸如眼睛颜色等性状，摩根和他的学生发现，很多性状都表现出一种偏离平衡的遗传模式，而这可通过基因位于染色体上加以很好解释：这样的话，基因可以是相连锁的。如果两个基因物理上彼此相邻，很有可能它们会一起遗传。而如果它们位于染色体的两头（或者位于不同的染色体上），它们更有可能会分离，并遵循孟德尔的分离定律。而当基因分离时，它们能够创造出新的、不见于亲本的性状组合，即重组。

交换 重组发生在一对相似的、“同源的”染色体之间发生物理交换时。减数分裂期间，在精子或卵子将成对的遗传物质分开之前，两条同源染色体会并排配对。它们会在某个位点发生交错，相互交换遗传物质，然后再分开。1931 年，美国遗传学家哈丽雅特·克赖顿和芭芭拉·麦克林托克通过显微镜在玉米的减数分裂过程中观察到了这种交换，并发现正是这一过程导致了遗传性状的重组。

重组在世代之间创造出遗传多样性。你的父母从他们的父母那里遗传基因，但这些信息并没有原封不动地传给你：在你的父母产生精子或卵子时，从你祖父母和外祖父母获得的同源 DNA 中的相匹配部分发生了交换，从而创造出了一个随机的、独一无二的性状组合。

> “要是遗传的根本层面最终被证明其实极其简单，这无疑会支持我们的一个希望，即大自然的奥秘终究可为人类所知。”
>
> ——托马斯·亨特·摩根

摩根曾将染色体上的基因类比于珍珠串成串，借此形象描述这一过程，但交换实际上是一个涉及 DNA 切割和连接的生化反应。每条同源染色体由两条 DNA 链组成，发生交错的两条 DNA 链生成所谓“霍利迪连接体”，进行相互置换或修补断裂。所以同源重组也能用来进行 DNA 修复。

当摩根在 1933 年获得诺贝尔生理学或医学奖时，始于哥伦比亚大学“蝇室”的一系列突破最终得到了科学界的认可。除了表明基因这个抽象概念具有一个物理载体，“蝇室”对于统计学的应用也帮助生物学从一门主要依赖于描述生物性状的学科转变成为一门可与化学和物理学相媲美的实验科学。

借助物理结构互换遗传信息

09

突变

变异不是生命的调料，而是大自然的主料。这种变异的源泉是遗传突变，而无论它们是有害的还是有益的。种种DNA变化生成了将经受自然选择的演化筛选的大部分变异。

演化的思想在1859年达尔文出版《物种起源》之后开始被博物学家广泛接受。然而，尽管许多人相信这本书为“后代渐变”给出了一个令人信服的论证，他们仍然对达尔文所提出的驱动演化的机制，即自然选择，持怀疑态度。因此，在19世纪80年代到20世纪30年代之间的所谓“达尔文主义的沉寂期”出现了多个竞争理论。

其中一个替代理论是突变理论，它由帮助重新发现孟德尔的豌豆实验的荷兰植物学家雨果·德弗里斯提出。在十多年苦心培育月见草的过程中，德弗里斯发现了大量变异，它们与纯种亲本如此不同，以至于可以算是新物种的前体。所以他提出物种起源于突变，而非自然选择的渐变。后来的研究发现，在这些突变植株中存在重排的染色体，但在20世纪初，这种突变的原因还是未知的。

遗传变异　在美国生物学家托马斯·亨特·摩根在1910年证明基因位于染色体上后，“突变”一词开始与基因变化联系在一起。早期的

大事年表

1901年	1910年	1927年
德弗里斯提出物种创造的突变演化论	自然发生的突变让摩根得以发现基因位于染色体上	穆勒利用X射线人工诱导突变

遗传学研究进展缓慢，因为自然发生的突变非常罕见。但这个难点后来被摩根的一位弟子赫尔曼·穆勒所突破，他首次通过人工诱导突变。1927 年，他通过将果蝇精子暴露在大剂量的 X 射线下，得到了一百多个突变体，其中不仅重现了天然的突变体（比如摩根的白眼果蝇），还获得了其他具有新型表型的果蝇。穆勒注意到，突变体染色体上基因的线性顺序发生了重排，而尽管辐射常常是致命的，或者会导致不育，还是有许多幸存者能将突变传给后代。

看来演化很清楚是由遗传变异驱动的，但直至 20 世纪 30 年代，仍然有一个重大问题悬而未决：突变发生在自然选择之前还是之后？在原理上，自然选择要么作用于之前存在的突变，要么诱导生物发生突变。1943 年，生物学家萨尔瓦多·卢里亚和马克斯·德尔布吕克检验了这两个可能性（参见右侧的文本框）。他们得出结论，突变是随机发生的，而不是对于自然选择的回应。

卢里亚·德尔布吕克实验

自然选择是对之前存在的突变起作用，还是诱导生物发生突变？如果突变在前，抗病毒的菌落（黑色）应该是随机分布的。如果突变在后，抗病毒的菌落则会成片分布。萨尔瓦多·卢里亚和马克斯·德尔布吕克的实验表明突变是自发出现的。

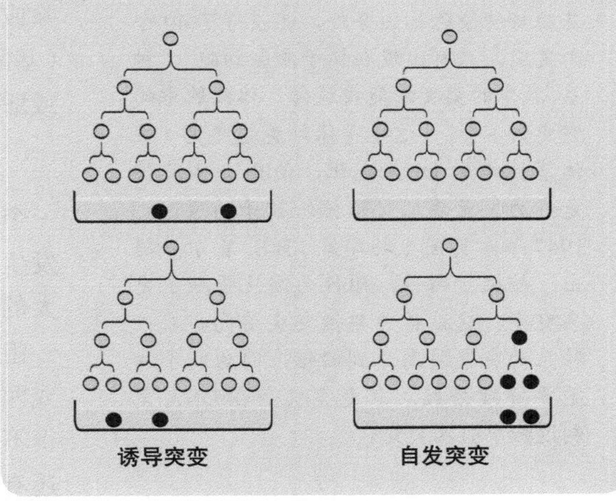

1942 年

奥尔巴克和罗布松利用芥子气化学诱导突变

1943 年

卢里亚和德尔布吕克的实验表明自然选择不会诱导突变

1947 年

霍尔丹提出雄性比雌性贡献了更多的演化突变

人类突变率

新突变有多常见？通过比较家族成员的DNA序列，遗传学家发现点突变率为每代每碱基0.000 000 012个突变，或者说，每8300万个碱基中会有一个发生突变。由于人类基因组大小超过30亿个碱基，这意味着你在从父母那里遗传其独特的染色体组合外，还获得了40个新突变。只有出现在精子或卵细胞（“种系”）中的突变才能被遗传，体细胞中的突变则不会。[这也是体细胞超突变（抗体基因中的DNA变化，使得个体获得免疫力）无法从父母传给孩子的原因。]1947年，英国生物学家J.B.S.霍尔丹提出，相较于雌性，雄性为演化贡献了更多突变，这被称为雄性突变偏向。雄性种系的突变要高三到四倍，因为精子细胞要持续分裂，有更多机会在DNA复制过程中引入突变。

DNA变化 遗传突变不同于DNA损伤的一个重要区别在于：其具有的相对稳定性使得它们可以被遗传。这种对于DNA的改变可大可小。在德弗里斯的月见草和摩根的果蝇中观察到的重排是染色体突变，涉及DNA片段的翻转（倒位）或者移动到另一条染色体上（易位）。染色体的某个区域也可能被删除或复制，有可能导致所谓的“拷贝数变异”（基因个数的减少或增加），从而反过来抑制或增强蛋白质水平。

改变DNA的单个字母（碱基）会导致一个“点突变”。尽管变动很小，但如果恰巧发生在一个基因中，这种突变可能会产生巨大的效应。此外，遗传密码要求以三个字母一组的框架阅读基因，所以添加或移除一个或两个碱基会导致“移码”突变，使指令变得不可解。当一个碱基被另一个碱基替代时，还有可能引入“无义”突变，使得遗传密码出现异常“终止”，或者原本的“终止”记号被翻译成氨基酸，导致生成异常延长的蛋白质。

单字母置换也可能改变一个遗传单词的翻译，导致生成错误的氨基酸。这样的“错义”突变便出现在一个与血红蛋白相关的人类基因中：它使得一个亲水分子被置换成一个疏水分子，促使蛋白质聚集在一起。这导致正常为柿饼状的红细胞弯曲成镰刀形，引起镰状细胞贫血。一个人携带两个这样的突变基因是有害的，因为变形的红细胞携带氧气能力较弱且易于阻塞血管，有可能引起组织缺氧和导致心脏病或中风。但这种疾病在特定环境中也可以是有益的：只携带一个突变基因可以保护人体免受疟疾侵扰，因为疟原虫难以感染镰刀形红细胞，所以这一变异在疟疾疫区的人类种群中更受自然选择的青睐。

诱变剂 自发突变可通过物理、化学或生物方法触发。其中最常见的方法之一是高温。另一种则是紫外线，它可以将碱基C变为T，并在双螺旋中导致小扭结。表皮细胞中的DNA修复机制可以修复这些突变，但患有着色性干皮病（一种罕见的修复基因缺陷）的人有100%的概率罹患皮肤癌，除非他们一直待在室内。天然诱变剂，比如活性氧类（“自由基”），会在正常细胞过程中被生成和清除，以免损伤DNA。能诱发癌症的物质（致癌物质）是最广为人知的化学诱变剂，而人类发现的第一种人工诱变剂是芥子气。遗传学家夏洛特·奥尔巴克和J.M.罗布松在1942年发现，这种在第一次世界大战中被首次使用的化学武器具有诱变能力。

> **“基因突变构成了生物演化，因而也是大部分生物复杂性的主要基础。”**
>
> ——赫尔曼·穆勒

就演化而言，最重要的种种突变还是由生物和遗传寄生物创造的。比如，病毒以及基因组中的转座因子的运动可将DNA转移到新的位置。突变也可通过DNA复制期间的错误引入。自发突变对演化而言不可或缺，但对个体可能是有害的，这也是为什么细胞要通过DNA修复来修正变化以安全起见。

DNA变化是生物变异的源泉

10 双螺旋

所有细胞都将生物信息储存在DNA（脱氧核糖核酸）中。这种分子完美适合储存和传递遗传指令的双重任务，而这归根结底源于这样一个事实：DNA是具有双螺旋结构的双链分子——这种结构既易于复制，又易于修理。

双螺旋是生物学的标志性符号。就像原子，其简洁美丽的结构具有如此之高的辨识度，使之成为一门学科的象征。然而，尽管 DNA 的旋梯结构可能很赏心悦目，其化学构成却远没有那么有趣，这部分解释了为什么它在七十多年时间里一直未被视为遗传物质。

1868 年，瑞士医生弗里德里希·米舍怀着探寻生命构成单元的“小”目标转行研究生物化学。他首先关注的是对细胞功能至关重要并在细胞质中含量丰富的蛋白质。但一年后，当他在实验中将酸加入从脓中提取的白细胞时，从溶液中沉淀出了一种富磷化合物。意识到它来自细胞核，米舍便将之称为“核素”。其他人也开始研究这一化合物，其中包括另一位德国人阿尔布雷希特·科塞尔，后者证明了这种物质含有核糖和四种碱基。核素后来被重新命名为脱氧核糖核酸，即 DNA。

染色体（由蛋白质和核酸构成）在 1910 年被证明携带基因。当时

大事年表

1869 年

米舍首次从细胞核中分离出“核素”（DNA）

1944 年

埃弗里、麦克劳德和麦卡蒂证明 DNA 是遗传物质

1949 年

克尔纳和杜尔贝科提出 DNA 在暴露于可见光后会修复紫外线造成的损伤

的大多数生物学家都相信，其中的蛋白质是遗传物质。这主要是因为蛋白质的构成单元要更为多样和复杂：20 种氨基酸对四种碱基，结果不言而喻。相较之下，DNA 显得着实无趣，无法让科学家激动起来。

破解结构 不过到了 20 世纪中期，一些分子生物学家已经转而确信 DNA 其实非常重要，这当中就包括剑桥大学的英美合作二人团队：詹姆斯·沃森和弗朗西斯·克里克。与此同时，在伦敦国王学院莫里斯·威尔金斯实验室的罗莎琳德·富兰克林用 X 射线轰击含有 DNA 分子的晶体。1951 年，实验得到的衍射图样使富兰克林认为 DNA 是螺旋状的。她后来改变了主意，但当威尔金斯把富兰克林的图样拿给沃森看过之后，这些图样启发了沃森。1953 年初，因化学键方面的工作后来获得诺贝尔奖的美国化学家莱纳斯·鲍林提出 DNA 具有三螺旋结构。沃森和克里克的老板劳伦斯·布拉格与鲍林有着长久的竞争关系，所以破解 DNA 结构的研究很快变成了一场竞赛。

> **“我们常常担心其正确结构可能很无趣……双螺旋的发现不只让我们感到喜悦，也让我们松了口气。”**
>
> ——詹姆斯·沃森

沃森和克里克结合他们的晶体学和化学知识，通过试错法利用塑料建立 DNA 模型。克里克意识到两条链可以是反向平行的，即螺旋的方向相反，这样每个螺旋具有一个磷酸骨架，而碱基朝内，就像拉链的链牙。下一步就是使 DNA 两条链之间的碱基相互配对。早在 1950 年，奥地利生物化学家埃尔温·查加夫发现 DNA 样品含有等量的腺嘌呤和胸腺嘧啶（A 和 T），而胞嘧啶和鸟嘌呤（C 和 G）的比率也相等。这个

1950 年
根据 DNA 具有相等的 A:T 和 C:G 比率，查加夫提出配对规则

1953 年
沃森和克里克揭示出遗传物质的双螺旋结构

1958 年
马修·梅塞尔森和富兰克林·斯塔尔证明 DNA 复制的半保留性质

遗传物质

携带基因的分子是DNA（而非蛋白质）的确凿证据由奥斯瓦尔德·埃弗里、科林·麦克劳德和麦克林恩·麦卡蒂在1944年给出。而早在1928年，英国细菌学家弗雷德里克·格里菲思已经表明，致命的肺炎球菌菌株被热破坏后，其残留物仍能将非致病性的微生物转化为能够杀死小鼠的新菌株。格里菲思认为他的细菌通过吸收某种“转化因子”而发生了改变。埃弗里、麦克劳德和麦卡蒂的美加团队将致命菌株的残留物分成几份，然后使用酶消化掉特定分子，最终证明这种“转化因子”就是DNA。1952年，美国遗传学家阿尔弗雷德·赫尔希和玛莎·蔡司再次确认了DNA在遗传中的角色。他们利用放射性同位素标记，发现噬菌体T2病毒感染细菌时，进入细胞的是病毒的DNA，而不是蛋白质。生物学家此后进一步发现，尽管所有细胞都使用DNA作为遗传物质，但病毒可以使用核酸的其他结构安排，包括双链RNA和单链DNA。

发现（查加夫的“配对规则”）成功解释了两个螺旋如何结合在一起：一条链上的每个碱基会与另一条链上的互补碱基配对，即A对应T，C对应G。双螺旋结构至此完全解决。

DNA复制 沃森和克里克1953年的论文《核酸的分子结构》中有一句科学史上最“轻描淡写”的话之一：“我们并没有忽视这一点，即从我们所猜想的特定配对方式很快能推出一种遗传物质的可能复制机制。”在一个月后发表的第二份研究《脱氧核糖核酸结构的遗传学意涵》中，他们细致阐述了复制机理：两条链在复制期间分离，每一条都被当作模板用于合成一条新的互补链。由于两个新分子各保留了一条来自先前双螺旋的链，这种复制被称为“半保留的”。

分子生物学家现在知道，复制过程相当复杂，并涉及许多酶，包括DNA聚合酶。然而，这个过程广泛存在，再次凸显了为什么双螺旋结构非常适合传递遗传信息：互补的链使得复制大自然的指令变得容易。这也解释了克里克为什么会在1953年2月28日跑进他在剑桥常去的酒吧，向大家宣布他和沃森发现了“生命的秘密”。

DNA修复 尽管DNA分子相对比较稳定，但它之所以适合存储遗传信息还不在于其化学性质，而在于其修复突变的能力。1949年，美国微生物学家艾伯特·克尔纳和雷纳托·杜尔贝科各自独立描述了紫外线对于DNA的破坏作用。当时克尔纳正在研究链霉菌真菌，而杜尔贝科正在研究感染了病毒的细菌。两人都注意到，生物在被置于可见光中后就能修复紫外线照射导致的损伤。这一过程被称为“光复活”，这时光复活酶修复了双螺旋中的小扭结，使之能被细胞正常阅读。

如果不修复，突变就会随着细胞的分裂和DNA的复制快速积累，从而增加基因发生有害变化的可能性。每天会有成千上万的随机DNA损伤出现，但其中只有很少一些会成为永久性的，而这要归功于各种DNA修复过程。碱基切除修复可以修复具体字母：DNA糖基化酶通过翻转碱基查找变化，就像一位过于热情的牙医在检查蛀牙。核苷酸切除修复则可以同时修复多个字母。

DNA的两条链同时出现损伤对细胞来说是一个潜在的灾难，所以这类突变需要快速修复。非同源性末端接合（NHEJ）会切掉几个碱基，然后将断开的两端结合在一起。这是一种应急手段，会留下一个突变。同源重组提供了一种更准确的方法，它利用来自同源染色体的DNA作为模板进行修复。这再次说明了双螺旋的一个主要优点：每条链互为对方的备份，所以如果一条受到损坏，另一条就可以被用来恢复任何损失的遗传数据。

DNA的结构便于复制和修复

11 遗传密码

大自然的密码使得细胞能将编码在DNA中的指令翻译成蛋白质语言。尽管这个说法经常被用来描述我们的基因构成或者DNA，但遗传密码是一种实实在在的密码——将信息从一种形式转换成另一种的一整套规则。

基因和蛋白质使用不同的化学字母表。DNA 使用四个“字母”：腺嘌呤（A）、胞嘧啶（C）、鸟嘌呤（G）和胸腺嘧啶（T）。而蛋白质的字母表由 20 个氨基酸构成。到了 20 世纪中期，生物化学家已经知道核酸和蛋白质由这些化学构成单元构成：比如早在 1902 年，弗朗茨·霍夫迈斯特和埃米尔·费歇尔就各自独立证明了蛋白质含有氨基酸。

在詹姆斯·沃森和弗朗西斯·克里克指出 DNA 的两条链都是核苷酸（每个带有四种碱基中的一个）序列后，克里克提出特定的碱基序列可能编码了一个氨基酸。为了证实“序列假说”，人们需要破解将基因语言翻译成蛋白质词汇的具体规则。

破解密码 破解遗传密码的竞赛在沃森和克里克 1953 年揭示出 DNA 的双螺旋结构后就立刻展开了。科学家一开始对于如何使用 DNA 的四个字母书写出变化万端的生命之书毫无头绪。如果每个单词长度为两个字母，则只有 16（4×4）种组合——对蛋白质使用的 20 种氨基酸

大事年表

1955 年
克里克提出 DNA/RNA 与氨基酸之间存在中间的连接物

1958 年
霍格兰和詹美尼克发现将氨基酸转运至蛋白质的 RNA

1961 年
雅各布和莫诺发现基因开关，在乳糖存在时转录为信使 RNA

来说还不够。所以他们猜测密码应该使用三字母单词，这样就会有 64（4×4×4）个三联体。1961 年，一个英国团队证实了这个理论。

在了解到蛋白质由互不重叠的三联体序列（“阅读框”）编码后，下一步便是破译每个三字母单词的含义。1954 年，物理学家乔治·伽莫夫创立了“RNA 领带俱乐部”，成员包括 20 位对破解遗传密码感兴趣的天才，每人佩戴一条以一种氨基酸为主题的领带。尽管沃森、克里克以及其他多位诺贝尔奖获得者都是这个俱乐部的成员，但他们一直未能破解密码。

“生物化学中更为惊人的概括之一是……除了极个别的例外，二十种氨基酸和四种碱基，在整个大自然中无不如此。”

——弗朗西斯·克里克

第一个破解出一个关键“词”的是生物化学家马歇尔·尼伦伯格和海因里希·马特伊，他们发现三联体“UUU”对应于苯丙氨酸。到了 1966 年，尼伦伯格的实验室以及塞韦罗·奥乔亚和哈尔·葛宾·科拉纳领导的团队最终解码了所有 64 个三联体（“密码子”）。

转录 那么为什么蛋白质要从 RNA 而不是从 DNA 读取呢？答案要归结到基因是如何被控制的：转录过程。1961 年，法国分子生物学家弗朗索瓦·雅各布和雅克·莫诺通过研究大肠杆菌中的“乳糖操纵子”（由三个基因构成的操控乳糖代谢的基因簇）解决了这个问题。他们指出，这几个基因由位于操纵子上游的 DNA 序列控制，后者就像一个基因开关，会在糖（比如乳糖）存在时打开。由于基因位于 DNA 上，而蛋白质在细胞的细胞质中合成，所以雅各布和莫诺提出，合成蛋白质的指令由一个中间分子，即核糖核酸（RNA）传递。RNA 通常为单链，并使用尿嘧啶（U）而非胸腺嘧啶（T），但就携带遗传信息而言，RNA 和 DNA 是等同的。

1961 年

用于翻译的遗传密码被证实由三字母的三联体构成

1961 年

尼伦伯格和马特伊利用合成 RNA 破解第一个三联体密码

1966 年

科学家破解所有 64 个三联体密码

中心法则

遗传信息只能沿着特定某些方向传递，这就是弗朗西斯·克里克在1956年提出的“分子生物学中心法则”：“一旦遗传信息进入蛋白质，它就不能再出来”，这里的信息是指氨基酸的序列。之后，詹姆斯·沃森（双螺旋的另一位发现者）将这条法则不正确地简单化为“DNA制造RNA，RNA制造蛋白质”，结果引发了混乱。克里克在1970年重新表述了中心法则，通过定义三种类型的信息传递：在所有细胞中都会发生的一般性传递，比如DNA到DNA（复制）、DNA到RNA（转录）、RNA到蛋白质（翻译）；特殊传递，包括RNA到DNA（逆转录），一些以RNA作为遗传物质的病毒使用这个过程；以及蛋白质到DNA、RNA或蛋白质的未知传递。蛋白质到DNA或RNA的“逆翻译”应当是不可能的，因为信息已经由于遗传密码的简并性而出现丢失，但存在一个蛋白质之间有限信息传递的例子：朊病毒（参见第24章）。

转录（读取基因以生成RNA拷贝）过程类似于DNA复制。双螺旋结构被酶（比如RNA聚合酶）解开，所以碱基序列可以从一条DNA链上被复制到中间分子，即信使RNA（mRNA）上。在真核生物中，mRNA随后被送出细胞核。

翻译 考虑到核酸上可用的化学键的性质，克里克意识到DNA/RNA不太可能直接作为制备蛋白质的模板，所以他提出它们应该通过小的“连接物分子”连接氨基酸。1958年，美国科学家马伦·霍格兰和保罗·詹美尼克发现，经过放射性标记的氨基酸是先接到RNA上，然后相互连到一起，组成蛋白质，这意味着存在一种RNA在蛋白质合成过程中转移氨基酸。然后在1965年，生物化学家罗伯特·霍利揭示出这种神秘分子的苜蓿叶状结构。霍利所发现的“转运RNA”（tRNA）可携带丙氨酸，证明了克里克的连接物假说是正确的。

翻译过程在核糖体中完成。随着mRNA链像纸穿过打印机那样穿过核糖体，tRNA一次一个，利用其苜蓿叶状结构末端的“反密码子”与mRNA上的“密码子”相匹配，同时核糖体将连接在该tRNA上的氨基酸添加到不断增长的多肽链上，后者最终会折叠形成具有三维结构的蛋白质。

简并性 遗传密码的三联体本质赋予它一个重要特征：简并性。如同含义相似的同义词，简并性意味着多个密码子可被翻译成同一种氨基酸。之所以会这样，是因为基因使用64个密码子，而蛋白质只使用20个单词，所以绝大多数氨基酸都由多个三联体编码（64个密码子中有三个作为“终止密码子”，还剩61个可用）。简并性的一个后果是“中心法则”：信息会在翻译过程中丢失。打个比方，这就好比基因语言区分了“猫”和“狗”，但蛋白质语言只能理解“宠物”。简并性意味着用一个碱基置换另一个碱基可能不会改变氨基酸。比如，所有以“GG”开头的密码子（GGA、GGC、GGG、GGU）都被翻译成“甘氨酸”。生成同义的密码子的碱基置换被称为“同义”突变，而它们并不总是无害的（参见第12章）。

尽管线粒体和有些微生物采用略微不同的变体，绝大多数生物都使用标准遗传密码。这并非偶然，而是自然选择的结果。1998年，演化生物学家斯蒂芬·弗里兰和劳伦斯·赫斯特通过计算机模拟生成具有不同规则的随机密码，然后评估突变的影响。在一百万种随机密码中，就最小化突变影响而言，只有一种比标准遗传密码做得更好。

基因语言

标准遗传密码由64个三字母单词（密码子）构成。它使用DNA的四种碱基：A, C, G, T（在RNA中，U替代T）。每个单词编码20种氨基酸中的一种、“起始”或者“终止”。

ATG	起始	TTA, TTG, CTT, CTC, CTA, CTG	亮氨酸
GCT, GCC, GCA, GCG	丙氨酸	AAA, AAG	赖氨酸
CGT, CGC, CGA, CGG, AGA, AGG	精氨酸	ATG	甲硫氨酸
AAT, AAC	天冬酰胺	TTT, TTC	苯丙氨酸
GAT, GAC	天冬氨酸	CCT, CCC, CCA, CCG	脯氨酸
TGT, TGC	半胱氨酸	TCT, TCC, TCA, TCG, AGT, AGC	丝氨酸
CAA, CAG	谷氨酰胺	ACT, ACC, ACA, ACG	苏氨酸
GAA, GAG	谷氨酸	TGG	色氨酸
GGT, GGC, GGA, GGG	甘氨酸	TAT, TAC	酪氨酸
CAT, CAC	组氨酸	GTT, GTC, GTA, GTG	缬氨酸
ATT, ATC, ATA	异亮氨酸	TAA, TAG, TGA,	终止

将遗传指令翻译成蛋白质的一整套规则

12 基因表达

一个生物的性状归根结底是由其基因决定的，后者编码了决定细胞特征的蛋白质。所以遗传指令不仅指定了蛋白质的序列，也影响到生物复杂性。

生物学新技术的发明，比如1927年的人工诱变，让科学家得以在生化水平上研究遗传效应。与此同时，研究者也扩大了模式生物的队伍，而不再局限于像果蝇这样的“实验室劳模”。纽约植物园的植物学家伯纳德·道奇曾造访哥伦比亚大学，向托马斯·亨特·摩根推荐自己正在研究的面包霉菌粗糙脉孢菌：“它比果蝇更好用。”当摩根在1928年任职加州理工学院时，他把这种霉菌带了过去。

美国遗传学家乔治·比德尔和爱德华·塔特姆也注意到了脉孢菌的潜力。比德尔曾在20世纪30年代在加州理工学院研究过果蝇，后来他意识到霉菌是观察突变对代谢影响的理想之选。脉孢菌可以利用食物合成自己所需的养分，但当比德尔和塔特姆在1941年用X射线对其照射之后，一些霉菌失去了合成诸如维生素 B_6 的能力，只有在添加了缺失的营养物质后才能在培养皿中生长。这表明基因在代谢途径的特定位点起作用，即它们负责合成催化生化反应的酶。这就是“一个基因，一个酶”假说。

大事年表

1941 年	1961 年	1961 年
比德尔和塔特姆提出“一个基因，一个酶”假说	雅各布和莫诺表明基因开关控制着 DNA 转录	发现遗传密码由互不重叠的三字母密码子构成

除了作为酶，蛋白质还扮演了其他众多角色。20 世纪 60 年代，遗传密码的破解让人们意识到，DNA 序列指定了构成蛋白质的氨基酸序列，所以这一假说被修订为“一个基因，一个蛋白质”。从基因到蛋白质的步骤也得以确认：DNA 中的指令首先被转录（读取和复制）至 RNA，然后被翻译（解码）成蛋白质。当然，这个基因表达过程还包括其他许多步骤，比如 DNA 可能需要从染色体中的其他分子上解开，而多肽链只有在折叠成三维形状后才成为蛋白质。但这两个步骤尤其值得注意，因为它们揭示出基因的关键特征：开关和区段。

遗传开关 细胞如何控制何时该合成蛋白质？1961 年，弗朗索瓦·雅各布和雅克·莫诺通过研究大肠杆菌的“乳糖操纵子”（一个控制乳糖代谢、由三个基因构成的基因簇）揭示出转录的关键。这两位法国生物学家发现，现在被称为“转录因子”的分子会附着在基因附近的 DNA 序列上，控制着基因的开关。对于乳糖操纵

沉默突变

遗传密码是“简并的”，因为 64 个三字母密码子被翻译成 20 种氨基酸。由于大多数氨基酸可由两个或更多个密码子编码，比如“GGA”和“GGG”都指定甘氨酸，遗传密码的有些变化就不会改变蛋白质序列，所以人们一度认为这些突变对于生物的特征，进而对于自然选择而言是“沉默的”。但在 20 世纪 80 年代，像理查德·格兰瑟姆和池村淑道等遗传学家注意到某种奇怪现象：某些密码子比其他密码子更受偏爱。比如尽管“AAC”和“AAT”都编码天冬酰胺，但“AAC”在大肠杆菌的 DNA 中更常见。这种“密码子使用偏向”因物种而异，并与转运 RNA 分子水平相匹配，表明这种偏向性有助于翻译。这种现象见于从酵母到果蝇的大量物种——但不见于哺乳动物，尽管比较不同物种的基因表明，特定 DNA 变化会在演化过程中尽量避免。那么这到底是怎么回事？某些密码子就蛋白质序列而言可能不重要，但我们现在知道它们对正确的基因表达来说是必要的。比如剪接体就需要特定的字母来识别外显子。沉默突变甚至会在人类中引发疾病，这进一步证明它们并不是那么默不作声。

1977 年
罗伯茨和夏普发现割裂基因和 RNA 剪接

1980 年
发现不改变蛋白质序列的突变能够影响基因表达

2003 年
旨在识别人类基因组中所有功能性元件的 ENCODE 项目启动

“生物化学家现在将遗传物质视为他们所要研究的系统的不可或缺的一部分。”

——乔治·比德尔

子，当糖（比如乳糖）存在时，开关便会打开，但大多数基因是由告诉转录因子去结合 DNA 的信号控制的。由于 RNA 容易被酶分解，雅各布和莫诺提出，它起到了临时信使的作用。就像走廊灯由触摸延时开关控制，RNA 的短暂存在性质意味着 DNA 开关能够直接调节蛋白质的合成，因为只有当基因被激活并复制给 RNA 时，蛋白质才会被合成。

真核细胞中的转录调节则要更为复杂。毕竟细菌没有细胞核，转录和翻译可以同时进行。真核生物内也有更多的遗传开关。主开关（即启动子）位于紧接着转录起始位点的上游。增强子开关则可以远离要转录的基因，但它们会与转录因子结合，后者继而与启动子结合，从而增强基因的转录活性。转录因子促使 RNA 聚合酶将基因指令转录到信使 RNA。

考虑到生物的特征由蛋白质决定，你可能会认为个体之间的差异归根结底来自于 DNA 中蛋白质编码序列的差异。然而，至少对人类来说，事实不是如此：比较两个没有亲缘关系的人，他们的编码序列平均 99.9% 是相同的。那么到底是什么让我们变得各不相同？2003 年，美国国家人类基因组研究所启动了 ENCODE（DNA 元件百科全书）项目，以识别基因组中所有的功能性序列。研究结果表明，是遗传开关造成了个体之间的大量差异。改变 DNA 中的字母会影响到转录因子附着到具体序列的开关的能力，而这反过来会影响到细胞如何读取 DNA。因此，遗传活动不是像一个切换开关，而是像一个“调光开关”。

割裂成段的基因 如果基因决定特征，一个看上去合乎逻辑的推论是，复杂的物种应该具有更多的基因。20 世纪 90 年代，这一逻辑让许多生物学家预测人类基因组会有 100 000 个基因。但当人类完整 DNA 序列的草图在 2001 年公布时，它显示只有 30 000 个基因，最新的估计则将这个数目进一步减少到区区 20 000 个——与线虫的基因数目大致相当。但人体具有200个不同种类的共37万亿个细胞，而线虫只有1毫米长，仅有1000个细胞。

这种复杂性的奥秘在于割裂基因。在20世纪的大部分时间里，摩根的“珍珠串成串”类比形塑了科学家看待基因的方式，即将之视为染色体上一段独立的DNA序列。但理查德·罗伯茨和菲利普·夏普在1977年研究腺病毒时发现，当将RNA序列映射到DNA上时，相应DNA的长度要比RNA长得多，表明基因是由不连续的区段组成的。对非病毒基因（比如血红蛋白基因）的研究表明，细胞也具有割裂基因。因此，珠链模型可能不适用于描述染色体上的基因，但它可能适用于描述蛋白质编码序列，其中基因被割裂成“外显子”，由一长段“内含子”隔开。人类基因平均含有10个内含子，而最长的基因（编码肌肉中的肌联蛋白）具有363个外显子。由于内含子未编码遗传指令，在将DNA转录成前信使RNA（信使RNA前体）时，它们会被剪除。这一过程被称为“RNA剪接”，由包含多种催化RNA和数百种蛋白质的“剪接体”完成。剪接体切开两个外显子之间序列（可能包含单个内含子或多个区段）的一头，使之形成套索状，然后将两个外显子接到一起，并移除套索。

就像电影剪辑师可以剪辑一卷胶片上的不同场景，细胞也可以通过剪接外显子而生成不同的信使RNA组合，从而利用一个基因生成多种蛋白质。这种“选择性剪接”能够生成惊人多样的蛋白质。比如果蝇的Dscam基因具有95个外显子，能够生成超过38 000种蛋白质。这帮助解释了生物如何能不增加基因而变得更为复杂：线虫中约20%的基因可被选择性剪接，而超过90%的人类基因编码了多个蛋白质。

DNA指导着蛋白质合成过程中的多个步骤

13 蛋白质折叠

蛋白质几乎承担了活生物体内的所有辛苦活，从催化细胞代谢到连接身体组织，不一而足。而要想完成这些功能，在核糖体中合成的多肽链需要折叠形成三维形状。理解这一过程是如何发生的后来被证明是继破解遗传密码之后分子生物学面临的最大挑战。

美国化学家莱纳斯·鲍林曾两获诺贝尔奖，而要是他当初在破解DNA结构的竞赛中击败了沃森和克里克，他原本可能成为唯一一位三获诺贝尔奖的人。他的第一个诺贝尔奖是化学奖（第二个是和平奖），以表彰他在化学键的量子本质以及复杂物质（比如蛋白质）的结构方面所做的贡献。当鲍林1948年在牛津大学做访问学者时，有一次他偶感风寒，并最终只得卧床休息。他很快厌倦了阅读侦探小说，于是开始用纸制作分子结构模型。几个小时后，这位创新天才构造出了一个螺旋，它通过分子链上等距离排布的氢键结合在一起。回到加州理工学院后，他与X射线晶体学家罗伯特·科里以及物理学家赫尔曼·布兰森合作，以确认他的纸模型是正确的。1951年，他发表了他的发现——α-螺旋。

结构 蛋白质的一级结构是其氨基酸序列，而这种“多肽链”弯来扭去，形成二级结构，比如α-螺旋或β-折叠。折叠形成三维形状后，蛋白质才算生成，其整体几何形状就是其三级结构。它既可以单独存

大事年表

1951年	1958—1960年	1961年
鲍林提出由多肽链构成的α-螺旋结构	马克斯·佩鲁茨和肯德鲁确定肌红蛋白和血红蛋白的折叠结构	安芬森法则提出氨基酸序列编码了蛋白质的三维形状

在，也可以作为一个更复杂的四级结构的一部分（比如血红蛋白便由四个亚基构成）。蛋白质可以是球状的，能够构成膜的一部分，或者生成纤维。将细胞维系在一起的纤维结缔组织（胶原蛋白）便大约占人体体重的三分之一。

首个蛋白质三维结构由英国晶体学家约翰·肯德鲁在1958年给出，他揭示出肌红蛋白（它们在肌肉组织中负责携带氧）的形状犹如扭成一团的长条香肠。用他的话来说："这种排列看上去完全欠缺我们直觉所预期那种的规律性，也比任何蛋白质结构理论所预测的都更为复杂。"这让生物学家提出了一系列问题。氨基酸序列是如何编码其结构的？又是什么让蛋白质能折叠得这么快？以及结构可以从序列中预测出来吗？这些问题被合称为蛋白质折叠问题。

> **"如果你想获得好的想法，你必须首先产生很多想法，其中大多数会是错的，而你需要学会的是知道该剔除哪些。"**
>
> ——莱纳斯·鲍林

蛋白质密码 研究者曾一度期望蛋白质折叠问题可通过一套使用类似于DNA两条链之间互补碱基配对的简单规则的密码来解决。但事情并不那么容易：建立于1971年的蛋白质数据库（PDB）已经收录了超过100 000个精确到原子层面的蛋白质结构，细致描述了各自的氢键、范德华力、多肽链骨架偏好的扭转角，以及氨基酸之间的静电和疏水相互作用等。更好地理解这些相互作用可能最终会得出一系列编码规则。

20世纪60年代，美国生物化学家克里斯蒂安·安芬森研究了一种名为核糖核酸酶的小蛋白质分子。像所有酶一样，其"活性位点"上的

1969年
利文索尔悖论凸显了快速折叠与理论上几乎无穷的可能组合之间的矛盾

1971年
旨在收录蛋白质结构和相互作用的蛋白质数据库（PDB）建立

1994年
旨在检验蛋白质结构预测软件效果的CASP大赛首次举办，以后每两年举办一次

代谢

蛋白质在生物体内担当各式各样的功能，但最重要的无疑是作为酶，催化驱动生命的代谢反应。代谢包括数以千计的生化过程：合成代谢反应涉及合成，比如从糖合成脂肪酸；分解反应涉及分解，比如将淀粉消化成糖。编码酶的基因中出现突变会引起疾病，这一点首先由英国医生阿奇博尔德·加罗德发现。1908年，加罗德提出尿黑酸尿症（一种罕见的遗传性疾病，其症状包括黑色尿和中年时关节疼痛）是源于机体无法打破“尿黑酸”中的一个化学键，而这是源于某个酶出了问题。加罗德后来将诸如尿黑酸尿症之类的先天性疾病归类为“代谢的先天错误”，第一次将遗传与蛋白质联系起来。

原子可与特定分子相互作用，从而催化化学反应。当反应物附着到活性位点上后，酶会改变其构象（形状）并释放产物。安芬森在1961年证实了，核糖核酸酶在受到溶液作用变性（变成不具有活性的形状）后，能在不利条件移除后重新折叠，恢复天然构象。他因而提出，合成蛋白质所需的所有信息都编码在多肽链内。正如他在1973年所说的：“天然构象是由原子之间相互作用的总和，因而也是由氨基酸序列决定的。”

这条安芬森法则最初被称为“热力学假说”。简单来说，蛋白质在折叠时会趋向自由能最低的状态，从而生成热力学上最稳定的分子。科学家将这条路径想象成一个形似漏斗的“能量景观”：在顶部，多肽链有余地选择一种不同的构象，但越往下，可选项就越少。这有助于将折叠路径可视化，但无助于理解这个过程。

快速折叠 1969年，美国分子生物学家赛勒斯·利文索尔做了一个题为《如何优雅地折叠》的演讲，讨论了温度如何使酶变性和复性，并给出了一个理论上假想的蛋白质可能具有的构象数量的粗略计算。这凸显了这样一个事实：多肽链在理论上有天文数字之多的构象可供选择，但它总是能几乎自发地找到正确的一个，有时还是在数微秒内就加以完成。对于这个“利文索尔悖论”的一个解答是，局部二级结构首先折叠（可能甚至是在多肽链生成的同时），然后全局折叠再进行，这样就会大大减少理论上的可选项数量。自20世纪80年代以来，生物学家也已经知道，细胞内有帮助折叠和重新折叠的“分子伴侣蛋白质”。

预测结构 在计算机算法的帮助下，你有可能从蛋白质的氨基酸序列预测出其结构，从而免去耗时费力的实验室实验，加速新药物和新蛋白质的发现过程。一个成功的例子来自计算生物学家戴维·肖。2011 年，他通过仿真计算成功重现了 12 种小蛋白质的折叠结构，其中一些是更大分子的关键部分或所谓“结构域”。不同于破解 DNA 结构和遗传密码的竞赛主要是在少数几个实验室之间进行，蛋白质折叠问题则吸引了更广泛的人群。自 1994 年起，蛋白质结构预测技术评估（CASP）大赛每两年举办一次。在会上，科学家会利用一百多种新发现的氨基酸序列检验他们的软件。公众也有机会参与其中。在视频游戏 Foldit 中，玩家可以通过优化现有结构获得积分。2011 年，科学家就报告说，游戏玩家在三个星期里破解了研究者钻研了 15 年的一种病毒蛋白酶的结构。对于这种研究蛋白质折叠的创新方法，想必莱纳斯·鲍林也会欣赏有加。

肌红蛋白

肌红蛋白是脊椎动物体内的一种球状蛋白质。它与血红蛋白相似，但它是肌肉组织而不是血细胞中的携氧分子。其折叠结构由通过环连接的八个 α- 螺旋构成，中心是一个富含铁的“血红素”基团，后者也使其带上肉红色。

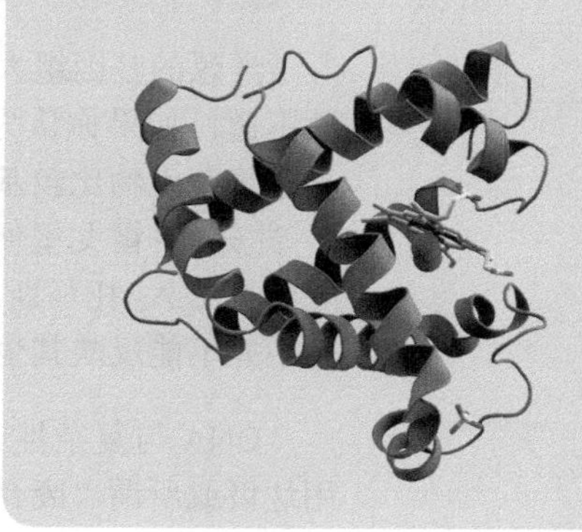

分子生物学的最大问题可能很快会被解决

14 废弃 DNA

基因组是一个生物的全部DNA，由一整套染色体上的所有基因构成。在包括人类在内的许多物种中，蛋白质编码基因只占其基因组的一小部分。剩下很多不编码蛋白质的基因，它们有时也被称为基因组中的神秘“暗物质”。但它们真的无用吗？

洋葱的基因组大小是人类的五倍。这个有趣的事实可能看上去根本说不通，如果你认为复杂生物应该具有更多 DNA 的话。事实上，当与其他复杂生物比较基因组大小时，这种蔬菜常常会赢。加拿大遗传学家 T. 瑞安·格雷戈里便将这种比较称为“洋葱检验”。这呼应了哈佛医学院的小 C.A. 托马斯在 1971 年提出的“C 值悖论”：一个生物的基因组大小并不能反映其生物复杂性。

DNA 与复杂性不相关的部分原因在于，基因组包含数量不等的无用垃圾或所谓“废弃 DNA”。这个用语在 20 世纪 60 年代已经开始使用，但直到 1972 年才因日本遗传学家大野乾而变得广为人知。大野乾争辩说，如果 DNA 序列中的每个字母都有用，那么有害突变将成为生命难以承受之重。他还说道：“就像地球上到处散布着已灭绝物种的化石遗存，我们的基因组中也塞满已灭绝基因的遗存，这难道有什么好惊讶的吗？”

自私的 DNA　早在 1953 年，美国遗传学家芭芭拉·麦克林托克就发现，在细胞分裂期间，玉米的染色体片段会进行移动。麦克林托克的

大事年表

1953 年
麦克林托克发现转座因子会在玉米基因组内移动

1971 年
托马斯提出生物复杂性与 DNA 量之间的 C 值悖论

1972 年
大野乾使“废弃”DNA 的说法广为人知

“跳跃基因”发现一直没有受到太多重视，直至20世纪60年代后期，人们在其他生物中也发现了它们。1980年，多位顶尖科学家提出，复杂生物基因组中的大部分DNA都是“自私的”，只管复制自己而不顾其他DNA。跳跃基因（如今被称为“转座因子”）便是一个例子。这种寄生性的、自私的DNA的有些片段仍可通过复制粘贴或剪切粘贴在基因组内移动，而其他的则失去了这一能力，因而对其宿主相对无害。

2001年完成的人类基因组序列草图显示，转座因子约占我们DNA的45%。此外，突变会使古代的序列随着时间推移而变得面目全非，所以有最新估计表明，转座因子的比例其实要更高，可能占了我们基因组的二分之一到三分之二。而在玉米中，这一数目接近90%。这个差异几乎可以解释洋葱检验了。

拷贝数变异

我们相互之间并不是99.9%相同的。这个比例当初是通过并排比较两个没有亲缘关系个体的DNA，然后统计诸如序列中单字母变化之类的微小差异而得到的。2004年，查尔斯·李和迈克尔·威格勒各自独立发现，人类基因组存在大量的拷贝数变异：大段DNA被复制或删除。这意味着两个人生命之书的差异并不是少量“拼写错误”，而是多了或少了一些页面或章节。这可能会没有任何影响，也可能会改变特征或导致疾病。有些拷贝数变异含有基因。比如，有些人会从父母那里各遗传一份淀粉酶基因（编码用于消化淀粉的酶），有些人则可以拥有多达16份该基因。2015年，斯蒂芬·舍雷尔收集了不同种族背景的健康个体的DNA序列，制作了一张标记有拷贝数变异的人类基因组图谱，结果发现有约100个基因可以完全移除而不产生有害影响。这张拷贝数变异图还显示，基因组的5%—10%由拷贝数变异构成，所以人与人之间的差异并不是只有0.1%。

非编码DNA　我们的基因组有32亿个字母长。如果以勉强可读的字号印在纸上，这部大部头的百科全书将塞满房间内一个“顶天立地”

2001年

人类基因组计划显示半数的DNA由转座因子构成

2012年

ENCODE项目声称人类基因组的80%具有生物学功能

2015年

格罗尔及其同事根据其“因此被选效应”功能对DNA进行分类

的书架。我们拥有大约 20 000 个基因，也就是编码蛋白质的 DNA 序列，但它们只占总基因组的 1.2%，其余的 98.8% 被称为非编码 DNA。然而，非编码 DNA 与废弃 DNA 并不是一回事。是否“编码”取决于 DNA 是否生成蛋白质，但 DNA 是否是“废弃物”取决于它对携带自己的生物是否有用。不妨将基因组想象成一个巨大的废弃场，员工开车上下班，所以你知道其中停放的车辆是“功能性的”，即“编码的”。废弃场中的那些“非编码”车辆呢？有些是废铜烂铁，有些可回收利用，还有些甚至是在你不知情的情况下停放在垃圾场的功能性车辆。要想弄清楚这一切的唯一办法就是检查每一辆车。对此的一种相反观点（也是神创者常犯的一个逻辑谬误）是，如果在废弃场中找到一个有用的物件，就认为整个废弃场都是有用的。

基因组的功能

下图是 DNA 按照其“因此被选效应”功能进行分类。原义 DNA 携带信息，包括比如蛋白质编码基因。中性 DNA 因其存在而有用。废弃 DNA 既无用也无害。垃圾 DNA 则对生物有害。

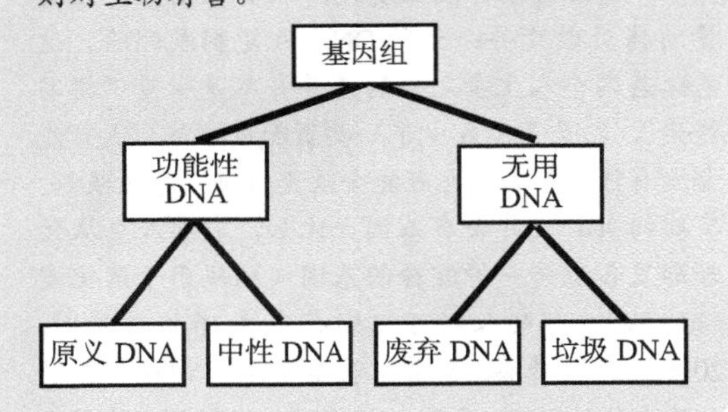

功能性 DNA 除了蛋白质编码基因，DNA 还携带 RNA 基因。大家都知道一类 RNA 基因能生成翻译遗传密码所需的转运 RNA 分子，但更多 RNA 基因的重要性也陆续开始为我们所知，因为它们当中的突变会导致疾病。DNA 中还包含一些控制元件，比如调节基因表达的遗传开关。那么到底有多少非编码 DNA 是有用的呢？科学家对具体比例还没有形成共识。

遗传学家为此使用的一种方法是，将两个物种（比如人与另一种哺乳动物）的基因组并排比较，计算出随着时间推移有多少 DNA 序列被保留了下来。这种方法给出的比例是 5%—9%。另一种方法是测定 DNA 如何与其他分子相互作用。利用这种方法确定功能性 DNA 的最大规模尝试是 ENCODE（DNA 元件百科全书）项目。2012 年，ENCODE 团队得出结论，基因组的 80% 具有“生物学功能”。许多生物学家对这个结论提出了批评，因为它对“功能”的定义过于宽松，更接近于“生物活性”，而不是 DNA 对生物是否有用。

无害 DNA 公众、记者乃至科学家的许多误解归根结底都源自对于同义词的不恰当使用。废弃 DNA 废弃不用，但它不是“垃圾”或“有害废物”。1998 年，南非遗传学家悉尼·布伦纳就这样说过：“有我们保留的垃圾，那是废弃物；有我们扔掉的垃圾，那是垃圾。我们基因组中多余的 DNA 是废弃物，它们还在那里是因为它们是无害的。”

“意识到自己的大量 DNA 是无用的，人们会感到非常不舒服。”

——悉尼·布伦纳

2015 年，演化生物学家达恩·格罗尔进一步扩展了布伦纳的思想，根据其“因此被选效应”功能（selected-effect function）对 DNA 进行了分类。一个性状的“因此被选效应”功能是指性状因为这个效应而被自然选择选中，这回答了这个性状为什么存在的问题。根据某些 DNA 的获得或失去是否会对生物生存和繁殖的适合度产生影响，从而是否会被自然选择“注意到”，他区分了四类 DNA：“原义 DNA”利用字母顺序携带信息，所以它包括蛋白质编码基因、RNA 基因和控制元件；中性 DNA 的存在就是其功能，类似于图书中区分章节的空白页；废弃 DNA 既无用也无害，而垃圾 DNA 是有害的。

为什么生物不移除废弃 DNA？因为它对生物适合度几乎没有影响。如果它从无害变为有害，自然选择可能就会移除它。正如悉尼·布伦纳解释的：“要是多余的 DNA 变得对生物不利，它就会成为自然选择的对象，就像占据太多空间或开始变臭的废弃物会被家里的妻子（这个绝佳的达尔文式工具）当成垃圾丢掉。”

基因组充斥着无害的垃圾

15 表观遗传学

尽管大多数生物指令编码在DNA序列中，还有些是由添加到遗传物质及其蛋白质上的化学标签携带的。这些表观遗传标记记录下生物所经历的过往环境和经验，揭示出在你的有生之涯获得的性状如何能被遗传下去。

1809 年，法国博物学家让 - 巴蒂斯特·拉马克提出了最早一批演化理论之一，认为环境的改变驱动物种的演化。这看上去没什么问题，但他还声称，生物的身体部位可通过持续使用而得到加强，而如果不常使用便会退化，即所谓“用进废退”，并且这种通过后天获得的加强或退化可从亲代传给子代，即所谓“获得性遗传”。拉马克的理论在 1889 年被德国生物学家奥古斯特·魏斯曼通过一个实验证明是错误的：他切断了跨越五个世代、总数超过 900 只小鼠的尾巴，却发现它们的后代出生时尾巴仍然完好无损。20 世纪的遗传学发展揭示出生物指令存储在 DNA 中，但除此之外的其他遗传机制的发现让拉马克的思想重新焕发了生机。

遗传而来的指令 1942 年，英国生物学家康拉德·哈尔·沃丁顿提出，当时尚还神秘的生物发育机制是由“表观遗传学”控制的。科学家普遍认同这个过程涉及一个母细胞在分裂期间向其子细胞传递指令，但对其定义一直未能达成一致。最被普遍接受的一个定义由美国遗传学

大事年表

1809 年

拉马克在《动物哲学》中提出获得性遗传

1889 年

魏斯曼的实验提供证据否定拉马克的“软遗传”

1942 年

沃丁顿讨论生物发育中的遗传，并提出“表观遗传学”的说法

家阿瑟·里格斯在 1996 年提出，他将表观遗传学定义为“不能通过 DNA 序列的变化加以解释的、可遗传的基因功能变化”。

“不论发现大自然中新真理的过程有多么艰难，让这些真理获得认可的过程要更为艰难。”

——让 - 巴蒂斯特·拉马克

对于表观遗传学的早期洞见来自于哺乳动物的性染色体之间的差异。1959 年，日本遗传学家大野乾在研究雌性大鼠时，观察到它们的两条 X 性染色体中的一条出现浓缩，表明它未被细胞使用。1961 年，英国遗传学家玛丽·莱昂提出，这能解释小鼠皮毛的颜色模式，因为后者是由 X 染色体上的基因决定的。莱昂提出，一条 X 染色体上的基因被屏蔽了，而这种“X 染色体失活”现象或所谓“莱昂作用”能够解释为什么相较于具有 XY 染色体的雄性，具有 XX 染色体的雌性不会产生双倍剂量的、与 X 染色体相连锁的蛋白质。

细胞软件 细胞就像计算机硬件，DNA 是操作系统，而表观遗传学提供软件。大多数表观遗传编程涉及通过化学修饰或所谓“表观遗传标记”隐藏 DNA 序列，使之不被细胞的基因读取机器读取。正如阿瑟·里格斯和罗宾·霍利迪在 1975 年各自独立发现的，其中一种编程机制是在 DNA 上选择性添加甲基，使基因失活。

DNA 甲基化就像用化学隔音毯使基因活动消声。其他表观遗传程序则不需要通过修饰遗传物质本身就可以隐藏 DNA 序列。比如 X 染色体失活使用“XIST”基因转录生成的非编码 RNA 分子去包裹整条染色体。另一种机制修饰的是被称为组蛋白的巨大蛋白质：DNA 链缠绕在组蛋白上，就像棉线缠绕在多个线轴上，形成所谓“染色质”。组蛋白上的表观遗传标记导致 DNA 缠绕或解开，使得染色质“关闭”或“打

1961 年

莱昂提出雌性哺乳动物会让两条 X 染色体中的一条失活

1975 年

里格斯和霍利迪提出 DNA 甲基化能控制基因表达

2001 年

研究者发现人类寿限受到祖父母食物供应的影响

亲代效应

诸如饮食和应激等环境因素会引发变化（星号），导致在 DNA 或蛋白质上添加化学修饰。在哺乳动物中，这些表观遗传标记可传递数代。在怀孕的雌性（左上）中，一个环境因素会影响到其子一代（F_1），而由于其胚胎已经携带生殖细胞，后续的子二代（F_2）也会受到影响。在雄性（右上）中，变化会通过精子的 DNA 传递。大多数表观遗传标记会在胚胎发育过程中通过重编程被移除，但少数会存留下来。

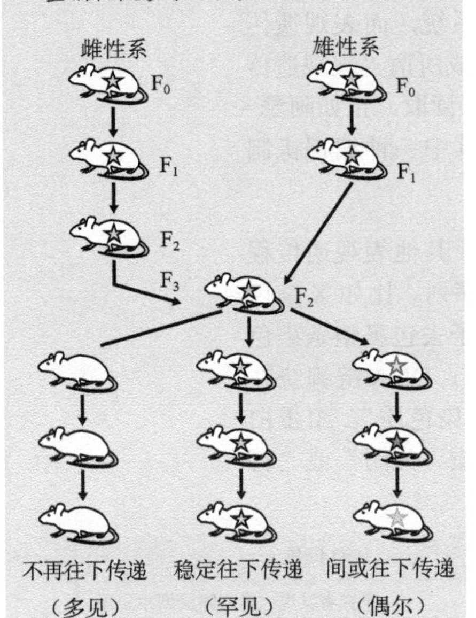

开”；而在打开时，基因便可被读取。最后，转录因子（一种蛋白质）可通过结合到 DNA 控制开关上以打开或关闭基因，从而决定细胞的特征和行为。其中用转录因子编程更接近于康拉德·哈尔·沃丁顿对于发育过程中的“表观遗传学”的定义。

表观遗传标记可通过一个重编程过程从基因组中被移除，使得胚胎恢复其分化前的空白状态，这时其干细胞可发育成任何组织。在哺乳动物中，标记移除发生两次：受精后和胚胎发育期间。受精后的重编程会移除大部分标记，但不包括在基因组印记过程中添加到精子或卵子中的那些——这类似于删除一台计算机的所有应用程序，然后重新安装一些必要的应用程序。胚胎发育期间的第二次重编程是一次彻底清除，就像重新安装细胞的操作系统，将机器恢复为出厂设置。

环境接触 孕妇要避免接触诸如酒精和某些食物之类的有害物质以避免伤害子宫内的胎儿，而年轻父亲吸烟会增加儿子的体重。接触到诸如此类激素和应激会影响到他们未来孩子的健康——不是因为它们会引发基因突变，而是因为它们会向胚胎的 DNA 添加化学标记，即所谓“表观突变”。亲代效应甚至会延续几代人，“人如其食”的说法或许要改成“人如其祖父母之食”。在 1944 年荷兰饥荒期间，营养不良的孕妇产下了很多葡萄糖耐受较差的孩子，而她们的孙子辈出生时身体往往具有多余的脂肪，日后的身体素质也较差。2001 年以来，拉斯·奥洛夫·比格伦和马库斯·彭布雷利用瑞典北部上卡利克斯市的数据，研究了居民寿命及死亡原因与历年粮食收成及食物供应之间的关系。他们发现男性的死亡率受到祖父少儿时期营养水平的影响，而女性的死亡率受到祖母饮食的影响，表明这与性染色体上的表观遗传标记有关。

软遗传 哺乳动物中的长效表观遗传编程数量有限，因为几乎所有化学标记都会在胚胎重编程期间被移除。因此，由环境因素引起的亲代效应只会持续一两个世代，即所谓“代际”遗传。长效的“跨代”遗传在动物中很罕见，但线虫是一个罕见的例外：诱人气味引发的表观遗传印记可传递超过 40 个世代。如果说 DNA 的永久性变化是“硬遗传”，那么暂时性的表观遗传编程便是“软遗传”。

软遗传在开花植物中相对常见，因为它们几乎没有重编程，胚胎主要由母体的体细胞，而非重编程后的卵子形成。表观遗传标记因而可以传递数百年之久：1744 年，瑞典博物学家卡尔·林奈描述过一种辐射对称而非双侧对称的“怪兽”金鱼草花；然后在 1999 年，英国植物生物学家恩里科·库恩发现这是由一种表观突变造成的。所以现在看来，拉马克的遗传学说并不完全是错的。

基因组印记

在你出生前，你的父母会在你的 DNA 中留下他们的标记，表现为通过表观遗传印记停用你的基因组的某些部分。一个例子是胰岛素样生长因子 2（IGF2），一种帮助孕育大胎儿的激素：父亲在其精子 DNA 中编码 IGF2 受体的基因上添加了甲基，而编码 IGF2 本身的基因保持不变；母亲则恰恰相反，使卵子中 IGF2 基因甲基化，同时受体基因保持不变。这种“基因组印记”演化自雌性与雄性对于应该如何将有限资源（比如营养）花费在孕育后代上的利益冲突：父亲想把所有资源一股脑用在正在孕育的胎儿上，而母亲更偏向于在她所有的孩子之间平均分配资源，留下一些给未来的孩子。在哺乳动物中，对于后代 DNA 监护权的争夺战最终导致双方各自能完全控制大约 100 个基因，而对于这些基因，现在需要添加表观遗传标记以保证胚胎正常发育。在人类中，来自母亲的 IGF2 拷贝不进行印记会导致生成双倍剂量的蛋白质，引发贝克威思－威德曼综合征，导致胎儿过大，出现健康问题，并必须通过剖宫产出生。

DNA 序列并没有携带全部的遗传信息

16 表型

一个生物个体的遗传变体的组合（基因型）控制着从内在生化过程到外在体型的每一项特征。但基因型的物理呈现（表型）并不是单纯由DNA决定的，而是还受控于基因与环境之间的复杂相互作用。

我们的基因与我们的内在和外在性状之间的关系经常被过度简单化。我们经常会不严谨地谈论“决定”一个特征，比如“眼睛颜色”的基因，尽管在现实中，大多数性状实际上是由多个基因控制的。每个基因具有一个基因型（一对遗传变体或所谓“等位基因”的组合），并且你可以从你的父母那里遗传到不同的版本。一对等位基因之间的关系通常是其中一个屏蔽另外一个的表达，使其影响不能在表型中表现出来。但环境的影响也需要考虑进来。

个体差异 自然选择无法直接“看到”一个基因型，而只能“看到”它对表型的影响。1859 年，达尔文将一个种群内的表型多样性称为“个体差异性”。20 世纪 30 年代，自然选择学说与孟德尔的遗传学结合形成“现代演化综论”。不同的表型于是可通过各种基因型或所谓“基因多态性”来解释。然而，生物学家恩斯特·迈尔在 1963 年提出，种群可以包含多种“相互之间的差异并不是基因差异的结果”的表型。迈尔把这种差异性称为“非遗传多型性”。

大事年表

1859 年	1865 年	20 世纪 30 年代
达尔文在《物种起源》中描述了针对个体差异的自然选择	孟德尔在豌豆实验中发现基因型与表型之间的关系	达尔文的自然选择学说与孟德尔的遗传学综合形成“现代演化综论”

“将基因型与表型联系起来的关系背后存在一整套复杂的发育过程。”

——康拉德·哈尔·沃丁顿

非遗传多型性是由环境因素引起的。基因型（G）和环境（E）对于一个种群中给定一个表型（P）的方差（V）的贡献可用一个简单方程来表示：

$$V_P = V_G + V_E + V_{G \times E}.$$

对于像孟德尔所研究的豌豆颜色这样的特征，表型多样性主要取决于基因型方差（V_G）。如果环境方差（V_E）发挥了作用，你会得到非遗传多型性。而如果存在强的基因－环境相互作用（$V_{G \times E}$），各式各样的表型就会出现。

可塑的表型 某些特征容易受环境塑造，也就是说，这些表型是“可塑的”，因为其对应的基因型会对一系列外部条件做出反应。在有些物种中，性别是由周围环境决定的。比如，对于诸如鳄鱼和海龟这样的爬行动物，这种“环境性别决定”是由温度决定的。它们利用这种适应手段针对环境变化调整性别比例以增加交配机会。可塑性可演化成与预期的环境变化相匹配，就像在偏瞳蔽眼蝶中，两种表型隔代交替出现，使得成年个体能够适应干季或湿季。而在不可预测的环境中，可塑性也可帮助生物充分利用现有资源：墨西哥锄足蟾的蝌蚪便具有两种表型，各具有不同的下颌、消化系统和食物偏好。

一个生物个体的可塑表型通常在发育期确定，并常常受到种群的影响。蚂蚁、白蚁和蜜蜂在其社会中便有角色不同的工蚁（蜂）和蚁（蜂）后之分，而个体在社会层级中的地位取决于幼虫阶段的营养。表型可塑性还可以决定几代个体的命运。比如在沙漠蝗虫中，它们具有两

1942 年

沃丁顿讨论了表观遗传学和表型在动物发育中的角色

1963 年

迈尔将多种表型源自单一基因型的现象描述为“非遗传多型性”

21 世纪初

结合表型可塑性和表观遗传学形成一个“扩展的演化综论”

种成虫表型：短翅的独居定居型与长翅的群居迁徙型。触发表型路径选择的因素是若虫之间的拥挤状况，当后肢被碰到的频率太高时，激素会引起代谢和行为变化，使之变成迁徙型。在最初的接踵刺激消失后，在另一个触发因素（虫卵周围泡沫中的化学物质）影响下，迁徙型可以延续数代。这没有改变DNA，所以表型是通过表观遗传学传递的。

表型可塑性可使个体在一生中因其“生理适应”受益。比如哺乳动物在冬天会换上更厚的毛皮，而获得性免疫可让它们免受同一种病原体的反复感染。人类登山者可通过气候适应训练适应更稀薄的大气，因为他们的红细胞变得可携带更多氧气。而神经细胞之间的灵活连接（突触可塑性）更成为学习、记忆和行为适应的基础。

环境与演化 1896年，美国心理学家詹姆斯·鲍德温提出，个体学习新行为的能力将导致对环境因素敏感的表型的出现，这被称为“鲍德温效应”。然后在1942年，英国生物学家康拉德·哈尔·沃丁顿提出，这种敏感性可通过“限渠道化”（又称为“发育稳态”）加以降低，以减轻生物特征在发育期受环境影响的程度。沃丁顿还指出，相反的一种效应能使环境因素影响到表观遗传学。

那么表型可塑性如何演化而来？一个理论认为这与遗传适应有关：随着时间推移，基因型会进行调整以适应环境变化，加强或削弱它对表型的控制。一种新的表型可通过遗传突变或对环境变化敏感而产生，而一旦自然选择能够“看到”基因型的外在表现，它便要受到适者生存法则的筛选：如果这种表型提高了个体的适合度，这些基因便能在种群当中扩散开来。

扩展的综论 根据“现代演化综论”，环境给生物提出问题，基因则给出适应方案。简单来说：环境出题，遗传作答。但现在越来越多的科学家认为，正如当初将遗传学整合进自然选择学说形成现代演化综论，生物学的核心理论现在也应该涵盖基因与环境的相互作用（诸如表观遗传学和表型可塑性等），以形成一个“扩展的演化综论”。

这一观点在一些广为流传的书中得到宣扬，但并不是所有的专家都认可演化理论需要更新。一个反驳的论证是，遗传突变创造出个体之间的大部分差异，表型归根结底由基因型决定，所以还是基因驱动演化。但另一方面，自然选择不能直接“看到”基因型，而只能“看到”它们对表型的影响，所以也可以说基因是被动的。基因在演化过程中究竟是“领导者”还是“跟随者”？就像“先天与后天”之争，答案可能不是非此即彼。

扩展的表型

基因的物理呈现通常被解读为生物学性状。但《自私的基因》一书的作者理查德·道金斯相信，表型也可适用于一个超越生物的身体而扩展到周围环境的特征。在1982年出版的《扩展的表型》一书中，道金斯提出，筑造诸如鸟巢或河狸坝之类结构的能力是由（决定比如灵巧的）基因决定的，并且它会影响到个体的适合度，所以自然选择也可作用于这些“表型”。就像适者生存法则会通过对于诸如美丽或力量之类的生物学性状的影响而筛选基因，具有优秀“筑造基因”的河狸更有可能生存下来。表型也可扩展到其他生物，比如能使寄生物改变其宿主行为的基因便会受到自然选择的青睐。就像演化的基因中心观或“自私的基因”概念，“扩展的表型”不是一个理论，而是一种看待生命的特定视角。但不像《自私的基因》主要是通俗传播其他科学家的工作，扩展的表型概念是道金斯自己对于演化生物学的贡献。

身体特征由基因和环境共同决定

17

内共生

很久很久以前，有一个自生细菌突然发现自己闯入了另一个细胞之内，然后它们相识相爱，并慢慢步入婚姻殿堂。这个细菌因而失去了原本独立的生活方式及其大部分财产。而这样的有趣场景在真核细胞的起源中曾多次上演。

真核细胞具有一个复杂的结构：DNA 被细胞核所包裹，因而细胞在分裂时需要经历复杂的有丝分裂过程。此外，它们还拥有负责呼吸作用的线粒体，自养生物的细胞中还存在质体。在 20 世纪中期之前，人们一直想不到这两种结构会是由细菌演化而来的——直到琳·马古利斯首倡这个理论。1966 年，这位美国生物学家收集生理学和生物化学证据，表明细菌与真核细胞中这些结构的相似之处。在被十多份科学期刊拒稿后，她的论文《有丝分裂细胞的起源》最终在一年后得以发表在《理论生物学期刊》上。她随后收到了 800 份索取论文副本的请求。

内共生理论　相较于诸如病毒之类的细胞内寄生物是不受欢迎的入侵者，内共生是一种生物存在于另一种之内、相对和平地生活在一起。1905 年，俄国生物学家康斯坦丁·梅列日科夫斯基在研究地衣（一种由真菌以及自养的藻类或细菌构成的共生系统）时，提出叶绿体是由一种内共生体演化而来的。1923 年，美国生物学家伊万·沃林提出线粒体具有相似的起源。

大事年表

1883 年

申佩尔提出植物体内的叶绿体源自于微生物

1890 年

阿特曼将线粒体描述为生活在细胞内的“基本生物”

1905 年

梅列日科夫斯基提出质体起源于内共生关系

“真核细胞是古代共生关系的演化结果”

——亨利·路易·勒夏特列

真核细胞中的特定细胞器（线粒体和质体）源自于其他生物的思想首先由德国生物学家提出。在1883年一份其中首创“叶绿体”一词的研究中，植物学家安德里亚斯·申佩尔提出，绿色植物“起源于一种无色生物与一种均匀分布着叶绿素的生物的结合”。然后在1890年，理查德·阿特曼注意到一种被他称为“原生体”的结构普遍存在于大细胞中，并且很像细菌，表明它们是具有重要功能的“基本生物”。原生体就是后来所说的线粒体。

多项特征支持了线粒体和质体演化自细菌的观点。比如，它们具有相似的大小和形状，并都通过简单的二分裂而不是有丝分裂进行分裂。但在此后数十年里，内共生的思想一直没有得到严肃对待。直到1962年，这一情况才开始改变，当时生物学家汉斯·瑞斯和瓦尔特·普劳特在使用电子显微镜观察一种名为衣藻的藻类植物时发现，能给遗传物质染色的染料可在叶绿体中被观察到，而DNA分解酶则可使颜色消失。1963年，玛吉特·纳斯和席尔瓦·纳斯利用类似的技术证明线粒体中的神秘纤维含有DNA。而琳·马古利斯在1970年出版的《真核细胞的起源》一书中进一步扩充了证据。

最终决定性的证据来自于基因。在20世纪80年代之前，对于细胞器的起源存在多种理论，比如细胞膜内翻或细胞核出芽。这些理论预测，如果细胞器起源于内部，其基因应当更接近于细胞核内的基因，而不是自生细菌的遗传物质。1975年，美国生物化学家琳达·博内和W.福特·杜立德发现，紫球藻叶绿体的基因序列与原核生物蓝细菌的遗传物质相似。后来的基因比对揭示出，线粒体源自于α-变形菌。

1923年

沃林提出线粒体起源于内共生关系

1967年

马古利斯提出细胞器起源的内共生理论

20世纪70年代

基因比对证明细胞器起源于细菌

线粒体 在大多数（但不是全部）真核细胞中，线粒体负责通过有氧呼吸燃烧碳水化合物生成储能分子 ATP（三磷酸腺苷）。由于演化树上真核生物的每个分支都含有某种线粒体，所以这些不同类型的线粒体很有可能源自于同一种细菌，并为了适应自身宿主的环境而发生变化。通过比较不同变形菌中涉及能量代谢的基因，意大利研究者提出，与线粒体祖先亲缘关系最近的现生生物是“甲基营养菌”，其外层膜与线粒体内部的嵴非常像，而后者正是线粒体产能的地方。

美国演化生物学家威廉·马丁提出，最初的内共生关系为依赖氢气为生的宿主细胞提供了一个产生能量的氢气源，使得真核生物最后共同祖先（LECA）最终能产生比原核生物多得多的能量。马丁和英国生物化学家尼克·莱恩指出，这些额外能量让真核生物得以在其基因组中添加基因，使它们能够构建更复杂的细胞。如果这一假说成立，那么捕获线粒体就是迈向真核生物的关键一步——早在它在距今约 15 亿年前获得其定义性特征细胞核之前。

质体 质体利用能够捕获阳光的色素制造碳水化合物。存在两类质体：具有两层膜的初级质体（著名的植物叶绿体便属于此类），以及具有三或四层膜的次级质体。初级质体（以及线粒体）的两层膜具有不同的分子构成：内层膜与细菌的膜相似，外层膜则像真核细胞的表

细胞器的起源

线粒体起源自一个细菌被真核生物最后共同祖先（LECA）所捕获，后者后来又演化出了细胞核。质体源自于至少两次共生过程：第一次生成初级质体，比如绿色植物体中的叶绿体；次级质体则来源于一个真核细胞被另一个所吞噬。

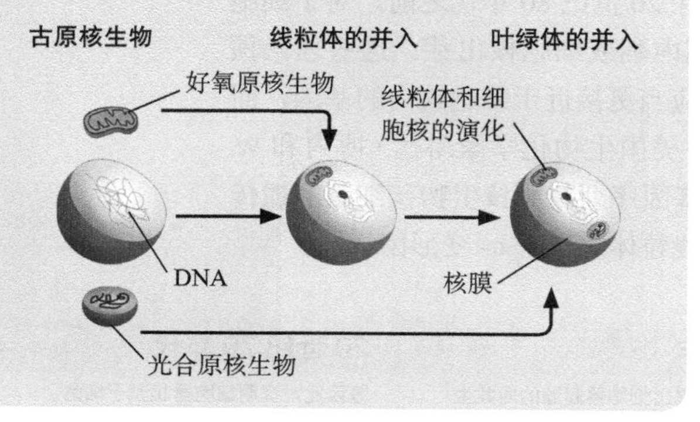

面。这恰好与12亿年前一个蓝细菌被宿主细胞膜所包裹的假说相吻合。

初级质体与它们的宿主一同演化，最终进入自养生物演化树的三个分支：灰藻、红藻，以及“植物”（绿藻和陆生植物）。由于次级质体具有三或四层膜，它们很有可能起源于自养生物被另一个真核细胞所捕获，从而在变成质体的同时从新宿主那里获得了额外的膜。这样的二次内共生至少发生过三次：两次发生在绿色植物当中，另外一次或多次发生在红藻当中。

线粒体夏娃

大多数真核细胞具有两套基因组，一套保存在细胞核中，另一套保存在线粒体中（自养细胞还拥有质体DNA）。在有性繁殖的物种中，精子携带来自雄性细胞核的DNA，卵子则含有来自雌性细胞核和线粒体的DNA。对人类来说，这意味着线粒体DNA（mtDNA）会沿着母系，从母亲传给女儿，不间断地一代代传下去。1987年，基因学家艾伦·威尔逊发表了一项里程碑式研究，通过比较来自五个不同地理种群的145人的线粒体DNA，表明他们拥有一位很有可能生活在约20万年前非洲的共同祖先。媒体将她称为“线粒体夏娃”（威尔逊则更乐意称呼她为“幸运母亲”）。线粒体夏娃是如今地球上所有人的最近共同祖先，但不像《圣经》中的夏娃，她不是人类历史上的第一位女性——当时还存在其他很多女性，只是她们的子嗣未能存活至今。现如今，线粒体DNA可被用于基因测试以重建某人的谱系。为精子运动提供能量的线粒体在受精时也可以进入卵子，但它们通常会被破坏，所以父系线粒体DNA遗传非常罕见。

真核细胞含有共生细菌的后代

18 呼吸作用

细胞“呼吸”而产生能量，驱动维持生命所需的所有代谢反应。在有氧呼吸过程中，氧气被用来“燃烧”碳水化合物，这一过程产生的能量如此之高，让生物化学家一直无法解释其原理——直到彼得·米切尔提出了一个激进的新想法。

有氧呼吸有时只是被描述为一个生理过程：输送（来自空气或水中的）氧气到细胞，同时反方向排出二氧化碳，从而将气体交换与循环系统结合起来。但这是一种看待呼吸的奇怪方式，因为它忽视了呼吸的目的，这就像说电池的存在是为了被充电一样。生物通过呼吸产生能量。呼吸是一个细胞层级的过程，而要想理解这是如何工作的，我们需要借助彼得·米切尔在五十多年前提出的“化学渗透”理论。

像许多革命性思想一样，化学渗透说一开始并不为学术界所接受。米切尔随后很快因病退出正经学术界，在英格兰西南部康沃尔郡一边主持翻修一座老房子，一边在其中建立生化实验室继续工作。但他的思想最终在 1978 年得到了承认——他被授予了诺贝尔奖。

产生能量 有氧呼吸使用氧气“燃烧”食物，产生载能分子 ATP。单看反应本身的话，这个所谓“氧化磷酸化”过程产生了出乎意料多的

大事年表

1896 年	1929 年	1937 年
布希纳在细胞外完成发酵	洛曼分离出载能分子 ATP	克雷布斯弄清三羧酸循环的反应

ATP。在 20 世纪 40 年代，生物化学家相信方程式必须配平（通过使用一种称为化学计量的技术）。但他们测量生成 ATP 的量与氧消耗量的比值时，所得的磷 / 氧比接近于 2.5，而不是预期的整数值 3。

三磷酸腺苷（ATP）最先由德国化学家卡尔·洛曼在 1929 年从肌肉和肝脏提取物中分离出来，其结构（由一个腺苷和三个磷酸基构成）最终由英国化学家亚历山大·托德在 1948 年证明。在此期间，弗里茨·李普曼提出 ATP 是一种通用能量载体，因为它含有“高能磷酸键”。催化 ATP 水解反应的酶就像投币蛋白质：ATP 被投入投币孔，然后它吐出失去一个磷酸酯的二磷酸腺苷（ADP），并在这个过程中释放出能量。这个过程支付了蛋白质执行代谢任务（比如将分子转运穿过膜）所需的“花费”。ATP 广泛被应用于如此多的生物化学“交易”当中，所以它也被称为细胞的“能量货币”。

食物的主体是碳水化合物（由碳、氢和氧构成的分子），而消化作用会将复杂的糖类分解成更简单的分子，后者作为原料通过糖代谢的三条生物化学途径生成诸如 ATP 之类的载能分子。第一条途径是糖酵解，发生在细胞质中，并且不需要氧气。在这个过程中，一分子葡萄糖（一种六碳糖）反应生成两分子丙酮酸（一种三碳糖），并生成少量 ATP。在复杂细胞中，丙酮酸还会进入线粒体内部的三羧酸循环（又名克雷布斯循环，以汉斯·克雷布斯的名字命名，他在 1937 年弄清了其中的反应）。

“不仅代谢可以是传递的原因，而且传递可以是代谢的原因。”

——彼得·米切尔

1946 年

李普曼分离出用于三羧酸循环的辅酶 A

1961 年

米切尔提出化学渗透偶联理论

1964 年

博耶描述了 ATP 合成酶如何改变形状

无氧呼吸

在有氧呼吸中，糖酵解将食物分解成丙酮酸分子，后者进入三羧酸循环，最终生成大量ATP。但在无氧条件下，糖酵解就必须成为细胞ATP的主要供应源。在过度疲劳的肌肉和厌氧生物中便是这种情况。糖酵解产生的丙酮酸此时成了废物，会被转化为其他分子，比如肌肉中的乳酸，或者酵母中的乙醇和二氧化碳。人类自石器时代以来就一直在利用后一个厌氧过程（发酵），用它来酿酒和烘烤面包。19世纪中期，科学家发现发酵是由细胞完成的。法国微生物学家路易·巴斯德证明细菌会让比如牛奶变酸，并由此发明了巴氏杀菌法。德国化学家爱德华·布希纳在1896年使用酵母细胞提取物进行了酒精发酵，首次在活细胞外进行了复杂的生化过程。而后像古斯塔夫·恩伯登和奥托·迈尔霍夫等科学家进一步研究了每一步反应以及所涉及的酶，并最终在1940年弄清了糖酵解的整个途径。在这个过程中，迈尔霍夫实验室的卡尔·洛曼分离出了能量分子ATP。

不过，大多数ATP都是通过第三种生物化学途径产生的：一条发生在线粒体内膜（或细菌的细胞表面）的电子传递链。前两条途径人们已经知道其确切的反应以及化学计量，所以当初在20世纪40年代，人们没有理由怀疑电子传递链会有什么不同。但生物化学家发现自己错了：电子传递链产生的ATP分子通常要比预期的少。就在大多数生物学家努力寻找中间反应来补足额外的ATP时，彼得·米切尔意识到有氧呼吸并不简单是个化学过程，它还是个生物学过程。

质子梯度 电子传递链涉及电子从细胞膜上的一个蛋白质分子传递给另一个。传递会发生多次，直到一个最后的“电子受体”（氧分子）终止传递链（这正是有氧呼吸需要氧气的原因）。米切尔提出，分子穿过细胞膜的运动能与生成ATP的代谢反应相偶联，为其提供能量，而这是通过一个类似于渗透的过程实现的，即某种化学物质沿着膜两侧的浓度梯度向浓度较低一侧的净流动。在他的“化学渗透偶联”理论中，这种化学物质是氢离子（H^+）。

因此，化学渗透就像水力发电站，细胞膜（“大坝”）上的蛋白质，在电子传递链的驱动下，能将质子（氢离子）泵到线粒体外部，使得细胞膜外部的质子浓度较高。而在电化学梯度作用下，质子“水往低处流”，流回细胞膜内部，同时驱动“发电机”合成ATP。1965年，米切

化学渗透

电子传递链驱动膜蛋白，使之将质子（氢离子，H^+）从线粒体内部泵到外部。而膜两侧的质子浓度差使质子沿着梯度穿过 ATP 合成酶流回内部，为其合成载能分子 ATP 提供能量。

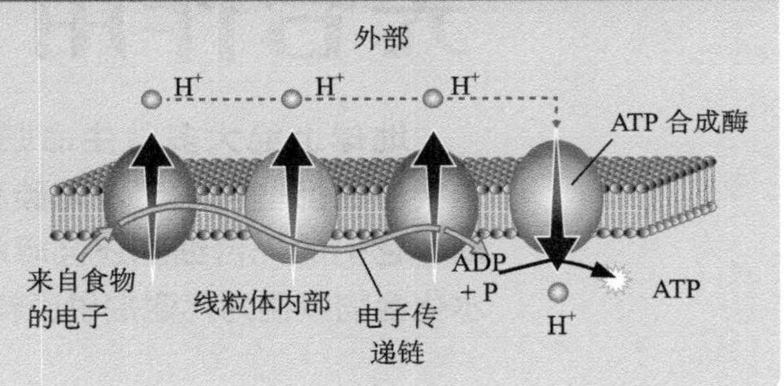

尔及其“乡间实验室”的唯一同事詹妮弗·莫伊尔，通过测量线粒体内外 pH 值（H^+ 浓度）的差异支持了该理论。与此同时，其他研究者也已经发现该系统的“发电机”——一种称为 ATP 合成酶的酶。

早在 1964 年，美国生物化学家保罗·博耶已经提出，这种酶通过改变形状发挥作用。后来在 1994 年，英国科学家约翰·沃克最终确认了其中所涉及的结构。也是在大约同一时期，其他研究者发现，ATP 合成酶的半部分类似于水车：流过水车的质子流使其转动。而随着这个分子马达转动并改变酶的形状，结合位点反复暴露给生成 ATP 的催化反应。有氧呼吸于是将膜变成了一台幸运的老虎机：投入一些硬币（将质子泵到膜外的电子），你就能每次都能赢得 ATP 头奖。

生命由流过细胞膜的质子流所驱动

19 光合作用

地球上绝大多数生命归根结底使用的是太阳的能量，而这要感谢那些利用二氧化碳和阳光制造碳水化合物的生物的帮助。它们的光合细胞还会释放氧气，而这对燃烧富含能量的碳水化合物以便为代谢提供原料来说至关重要。

30 亿年前是化能自养生物的好时代。那时的地球大气充满诸如二氧化碳这样的温室气体，而化能自养生物利用化学反应释放的能量制造食物。然后第一批光能自养生物出现了。这些利用太阳能的先驱漂浮在海面上，沐浴在阳光下，吸收空气中的二氧化碳，制造碳水化合物。但它们同时还释放了氧气。接下来发生的事情可以说是生命史上的大事件之一，也可以说是比任何大灭绝都更严重的一场自然灾变。氧化大事件（或者换个视角，氧化大灾变）发生在 23 亿年前，并毁了化能自养微生物的生活。氧气是一种活泼元素，很容易与其他分子发生反应，所以它对化能自养生物来说是有害的。在毒害竞争对手的同时，光能自养生物逐渐改变了大气的成分，现在氧气约占大气的 21%。光合作用名副其实地改变了世界。

碳循环　氧气现在对地球上大部分生命来说都至关重要。其重要性在其发现者英国牧师和化学家约瑟夫·普里斯特利手上就得到了演示。

大事年表

1771 年

普里斯特利演示了动物呼出的空气会被植物“恢复”

1779 年

英根豪斯表明植物的绿色部分会在阳光下产生氧气

1782 年

塞纳比耶提出植物吸收二氧化碳和水生成有机物质

他在 1771 年表明，放进一个倒置瓶子中的一段薄荷枝可以“恢复由于蜡烛燃烧而遭受破坏的空气”。1779 年，荷兰医生扬·英根豪斯表明，绿叶和茎只有在有光的情况下才会生成氧气；而后在 1782 年，瑞士牧师和植物学家让·塞纳比耶提出，植物吸收二氧化碳和水生成有机物质。这些 18 世纪的观察给出了光合作用的基础方程式：

$$光 + 2H_2O + CO_2 \rightarrow O_2 + CH_2O + H_2O$$

方程式中的 CH_2O 代表碳水化合物。碳水化合物（比如糖）是富含能量的分子，被大多数生物用来驱动代谢。光能自养生物为不能自己生产食物的异养生物提供碳水化合物，而两者都会在呼吸作用中分解碳水化合物，并释放二氧化碳。与诸如海洋表面的气体交换等环境过程一道，光合作用推动了地球上的碳循环——一个持续不断地合成与分解有机化合物的过程。

人工光合作用

正如梅尔文·卡尔文曾说的：“如果你知道如何能像植物那样将太阳能直接转化为化学能或电能（而不经由热机），那这无疑可以说是你的特技。”传统的蓝或黑色太阳能电池板是用硅制造的，但化学家正在大自然的启发下开发新的绿色能源。1988 年，迈克尔·格雷策尔和布莱恩·奥里甘将二氧化钛纳米颗粒薄膜浸入有色染料中使其对光敏感，从而制成了一种光伏电池。这种“染料敏化太阳能电池”模拟了植物利用叶绿素吸收光子的过程，大幅降低了材料成本，并可在阴天条件下工作。化学家也在尝试复制植物利用光能制造燃料的本领。丹尼尔·诺切拉一直致力于研究能将水分解成氢气和氧气的“人造树叶”；而美国人工光合作用联合中心的纳特·刘易斯则一直在努力将二氧化碳固定到有机化合物中，就像在卡尔文循环中那样，从而制备出诸如甲醇之类的碳基化合物燃料。这些太阳能燃料可被用于车辆和其他设备，替代化石燃料作为能源。

1931 年

C.B. 范尼尔提出光解作用和释放氧气的化学方程式

1943 年

埃默森发现叶绿体的光合效率在同时吸收两个波长的光时会得到增强

20 世纪 50 年代

卡尔文及其同事揭示出利用二氧化碳合成碳水化合物的循环

转换阳光 光合作用开始于能量转换，其中光系统利用色素、蛋白质和其他分子捕获并转换光子中的能量。光系统的核心构成是叶绿素，它最先由法国化学家约瑟夫·别奈梅·卡文图和皮埃尔 - 约瑟夫·佩尔蒂埃在 1817 年分离出来。在被光子撞击后，叶绿素中的电子吸收能量，使得它们能够摆脱分子。受激电子进而在一系列分子之间传递，形成一条“电子传递链”。这条链最终会生成 NADPH 和 ATP，这两种分子随后会释放存储在化学键中的能量，驱动碳水化合物的合成。

“我们最终破解的循环的核心特征也广泛见于从细菌到高等植物的各种光合生物。”

——梅尔文·卡尔文

为了使光系统能够持续将光能转化为化学能，就必须不断为叶绿素补充电子。而这是通过受神秘的“放氧复合物”催化的光解作用（利用阳光分解分子）实现的。对于植物来说，电子的来源是水。在这个过程中，光解作用产生的氧气要比植物呼吸所需的多——多余的氧气便被当成废物释放了。

光合作用中的光反应实际上涉及两个相连的光系统。1943 年，美国植物生物学家罗伯特·埃默森发现，尽管单细胞藻类小球藻的光合细胞会吸收一定波长范围内的光，但在有效范围的红光一端（680 纳米），其光合效率会出现急剧下降。1957 年，他又注意到当生物暴露于红光（680 纳米）和远红光（700 纳米）两种波长的光线下时，其光合效率会提高。这表明存在两个光系统：电子沿着一条传递链逐渐失去能量，但在第二个光系统的起点又重新吸收能量。

生成碳水化合物 光系统被镶嵌在称为类囊体的膜上，而后者经过反复折叠以便使暴露于阳光的表面积最大化。在细菌中，类囊体是其外膜的延伸，而植物和藻类细胞则含有数十个叶绿体，一种专门负责光合作用的胶囊形细胞器。

在光反应中生成的NADPH和ATP分子会被分解以释放其化学键中的能量，用以制备碳水化合物。而为了在白天或黑夜都能够制造食物，光合细胞需要稳定的碳供给。那么碳从何而来？1945年，来自加州大学伯克利分校的、以梅尔文·卡尔文为首的科学家团队利用放射性同位素碳-14跟踪了小球藻光合作用过程中碳的路径。他们发现了一个生化反应循环路径，可以循环往复地生成相同的含碳化合物，这个过程通常被称为卡尔文循环。

循环开始于将来自空气中的二氧化碳附着到一个五碳糖（二磷酸核酮糖，RuBP）上，生成一种含六个碳的不稳定分子，后者立刻会分裂为两分子三碳糖：3-磷酸甘油醛。植物细胞会将一分子3-磷酸甘油醛从叶绿体内转移到细胞质中，在那里它可用来合成复杂的碳水化合物（比如葡萄糖）。另外一分子3-磷酸甘油醛会经历几个步骤，接受NADPH和ATP在酶催化下捐出的氢原子和磷酸根，最终重新生成二磷酸核酮糖并重新启动循环。在第一步中，二氧化碳被固定到稳定分子当中，这被称为“固碳”。这一步由二磷酸核酮糖羧化酶（RuBisCO）催化，而它占据了叶片中可溶性蛋白质的30%—50%，很有可能是地球上存量最丰富的蛋白质。

叶绿体

植物细胞中含有数十个能够进行光合作用的细胞器，叶绿体。光在被称为类囊体的折叠的膜上被捕获并转化为化学能，碳水化合物则在其基质中生成。

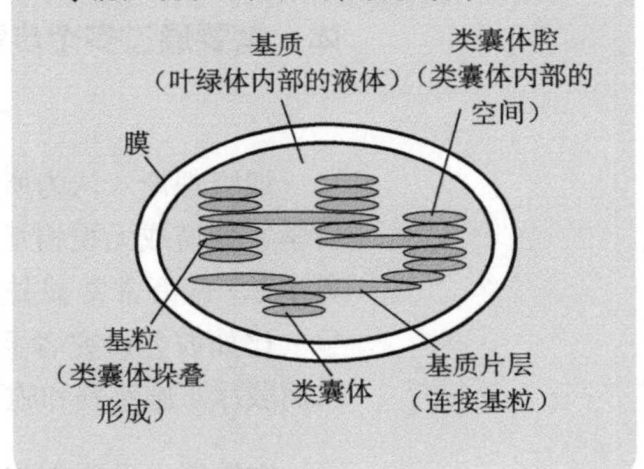

捕获太阳能制造食物

20 细胞分裂

所有细胞都由分裂而来。简单生物（比如细菌）可通过二分裂一分为二，而复杂细胞的分裂，由于存在细胞核和大量染色体，需要通过多个步骤的有丝分裂完成。

细胞理论（认为所有生命都由细胞构成的思想）的历史是19世纪科学家剽窃或无视相互想法的历史。尽管德国人马蒂亚斯·施莱登和特奥多尔·施万常常被誉为这一理论的“发现者”，但许多人都有资格一争。比如波兰研究者罗伯特·雷马克就在动物细胞中观察到细胞分裂，从而驳斥了施莱登和施万认为它们从晶体中自发生成的说法。

在摄影术发明之前，生物学家还必须是很好的艺术家。而随着诸如靛蓝等染料的使用，通过显微镜研究细胞分裂变得容易了一些，因为染料能将细胞核内的结构染色，这也正是德国生物学家沃尔瑟·弗莱明1878年在蝾螈中发现的。他将这种结构命名为“染色质”——今天，我们把它们称为“染色体”。这是早在生物学家能够利用显微技术实时观察细胞分裂的数十年之前，所以弗莱明不得不仔细画下处在不同阶段的染色体，并据此推断出事件发生的序列。观察到细胞核并没有经历二分裂，所以他在1880年将这一过程命名为“间接细胞核复制”。

大事年表

1838—1839年

施莱登和施万的细胞理论认为生命从晶体中自发生成

1848年

霍夫迈斯特描述了有丝分裂的阶段和细胞核的破裂

1878年

弗莱明描述了染色体复制的有丝分裂过程

弗莱明绘制的插图收入他在1882年出版的《细胞物质、细胞核以及细胞分裂》一书中，它们在现在看来依然精确。他注意到染色体要么呈现为弥散的一团，要么看上去凝集成丝。这两个状态现在分别定义了细胞分裂周期中的两个时期：间期，这时母细胞在生长；以及有丝分裂期，这时染色体分裂并进入两个子细胞。生物学家又在有丝分裂期中区分出五个不同阶段。

有丝分裂　DNA在间期结束时完成复制，然后有丝分裂的第一阶段（前期）开始。原本弥散的遗传物质开始凝集，形成各自分明的染色体，并且复制形成的“姐妹染色单体”在中部相连形成X形结构，看上去就像一双双条纹袜子。凝集反应由DNA结合蛋白催化，比如恰如其名的凝缩蛋白，它会缠绕在染色体上，使其变得紧密数千倍。

有丝分裂和减数分裂

有丝分裂涉及一轮细胞分裂，减数分裂则涉及两轮。在有丝分裂期间，所有染色体以姐妹染色单体的形式一字排开，然后分离进入两个子细胞，使之拥有成对的染色体（二倍体）。在减数分裂I期间，来自两个亲本的同源染色体对并排配对，并在分离前通过交换重组遗传物质。在减数分裂II期间，姐妹染色单体分离，并在卵子或精子中留下一套染色体（单倍体）。

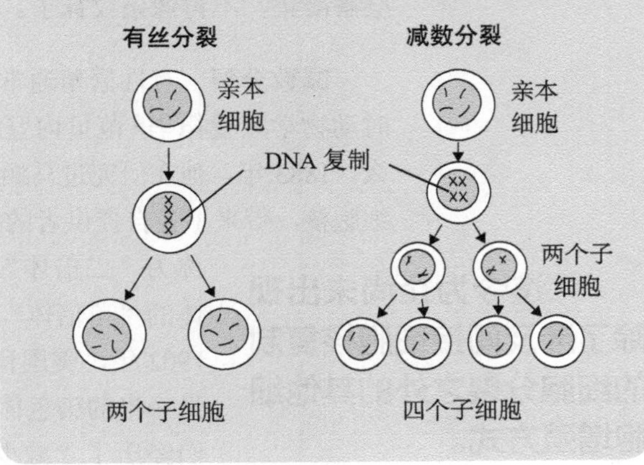

在第二阶段（前中期）开始之前，一种被称为中心体的结构复制分裂，移动到细胞相对的两极，并在两者之间生长出由微管构成的纺锤状结

1883年
范贝内登提出受精卵从父母双方遗传了染色体

1902年
萨顿观察到染色体对在子细胞之间随机分配

1991年
毕尔飞和吕特肯豪斯发现使细菌一分为二的Z环

构——纺锤体。然后正如植物学家威廉·霍夫迈斯特在1848年所看到的，核膜破裂成为零散的小泡，使得染色体可以附着在微管上。1888年，特奥多尔·博韦里看到染色体沿着纺锤体一字排开。就在这行至中途（中期）时，出现了一个短暂的停歇，就仿佛细胞在跳入水中前深吸了一口气。

在后期，姐妹染色单体彼此分开，各自被纺锤体牵拉至相对的极点。将这些染色单体维持在一起的分子，即凝缩蛋白，现在会被酶消解。然后在有丝分裂的最后阶段（末期），姐妹染色单体到达极点，纺锤体消失，小泡彼此融合，重新形成核膜，包裹一组染色单体，后者则会解凝集，不再像条纹袜子。最终经过胞质分离，细胞便一分为二。

减数分裂 有性繁殖通常结合了来自每个亲本的一套染色体。比利时动物学家爱德华·范贝内登第一个意识到这对细胞分裂来说意味着什么。1883年，他在研究过马蛔虫的受精卵后提出："每个原核相当于半个细胞核，带来了各自提供者的特征。"我们现在将具有两套染色体的细胞称为"二倍体"，而配子（精子或卵子）是只有一套染色体的"单倍体"。产生配子因而需要一种特殊的细胞分裂。1902年，美国科学家沃尔特·萨顿意识到配子携带正常数量一半的染色体。在研究过蚱蜢精子后，他得出结论，它们经历了"减少分裂"。1905年，英国生物学家约翰·法默和约翰·摩尔将这一过程重新命名为"减数分裂"。

"迄今为止尚未出现除了涉及间接细胞核复制的细胞分裂之外的其他细胞增殖方式。"

——沃尔瑟·弗莱明

相较于有丝分裂，减数分裂有两个主要的不同之处：它涉及两轮分裂，并且染色体分离的方式不同——有丝分裂产生两个二倍体细胞，而减数分裂生成四个单倍体配子。在第一次减数分裂（减数分裂I）期间，分别来自母本和父本的一对染色体（同源染色体）首先并排配对，然后相互分离，而不像在有丝分裂中那样直接发生姐妹染色单体分离。这种分离发生在第二次减数分裂（减数分裂II）期间。鉴于染色体在减数分裂Ⅰ期间配对结合，萨顿提出染色体携带基因。他还指出，细胞不会有来自母本或来自父本之分——每对染色体的重新组合都是随机的，所以它们具有组合数之多的变化。对于三对染色体，分裂中期有 2^3（8）种可能组合。而对于人类，排除一对性染色体，还有 2^{22} 或400多万种可能组合。

二分裂　如果没有细胞核或大量染色体需要操心，细胞分裂就会变得简单得多，也迅速得多。细胞只需要长到两倍大，然后分裂即可。对于杆状细菌和大多数原核生物，一旦细胞长度达到两倍，它就会通过二分裂一分为二。细菌有单一一条环形染色体，附着在细胞外膜的大约中间位置上。它的复制从双螺旋结构每条链上的某个“起点”开始，朝两个方向同时进行，最终生成两条DNA环。1991年，微生物学家毕尔飞和约瑟夫·吕特肯豪斯发现，一种称为FtsZ的分子会形成“Z环”结构，就像拉紧背包的束带一样收缩，使得原核细胞以类似真核细胞胞质分离的方式分裂。

非整倍体

当细胞分裂出错时，细胞可能会出现异常数量的染色体，称为“非整倍体”。在许多物种中，体细胞是“二倍体”，包含成对的染色体（从每个亲本各遗传一套），但细胞分裂时的错误可导致染色体的缺少或增加。导致这种情况的一种可能是，一条染色体没有恰当地附着到纺锤体上。它没有被拖到细胞的两极，因而落在了子细胞的细胞核之外，其上的基因无法被读取，导致该染色体实质上“消失”了。另一种可能情况是，一对姐妹染色单体在减数分裂期间未能分离（称为“不分离”）。这时一个配子（精子或卵子）会缺少某条染色体，使得在受精后，胚胎只包含来自一个亲本的一条染色体，导致所谓“单体性”。配子也可能携带两条同一染色体，使得形成的胚胎会携带三条该染色体，导致“三体性”。在人类中，唐氏综合征便是由21号染色体的三体性引起的，患有特纳综合征的女性则只具有单条X染色体。在非整倍体中，基因数量的不平衡会生成错误“剂量”的蛋白质，从而破坏细胞中微妙的生物化学过程。

染色体复制使细胞分裂变得复杂

21 细胞周期

分裂是细胞一生中最重要的事件。就像父母要为孩子的落生做好准备一样，母细胞也希望在自己分裂成两个子细胞时一切能顺利进行。对于小到酿酒酵母、大到蓝鲸的各种生物的复杂细胞来说，这是通过细胞分裂周期实现的。

细胞的大小是有限度的，所以更大的躯体意味着更多的细胞。史上最大的动物蓝鲸具有将近 10 亿亿（10^{17}）个细胞，而它们都由一颗受精卵分裂而来。一个成年人由 37 万亿（3.7×10^{13}）个细胞构成，并且每天会更新数十亿个。细胞分裂的过程容易出问题，如果不加控制，你可能就会罹患癌症。为了将出问题的可能性最小化，真核细胞会在分裂前的多个阶段多次检查状态。

阶段 真核细胞因分裂而“生”，也因分裂而“死”。其生命周期可分为四个阶段：G_1、S、G_2 和 M。细胞在合成前期（G_1）生长变大，在合成期（S）进行 DNA 复制，在合成后期（G_2）检查已复制的遗传物质，然后在有丝分裂期（M）将复制好的染色体分配到两个细胞核中。最后，一个母细胞分裂成为两个子细胞。一个细胞周期可能持续几分钟或几天时间，具体因细胞而异。在人类中，它平均持续一天时间，其中前三个阶段（统称为“间期”）占据了绝大部分时间。有些类型的细胞，包括神经元和心脏肌肉，从来不会完成一个细胞周期，而是会进入一个静止状态：G_0 期。

大事年表

1965 年
威廉森证明酵母和多细胞生物具有相同的细胞周期

1970 年
拉奥和约翰逊证明细胞周期只能单向推进

1970 年
哈特韦尔在酵母中发现第一个周期蛋白依赖性激酶（CDK）基因

细胞不可能沿着这个周期逆行，这一点由癌症研究者波图·拉奥和罗伯特·约翰逊在 1970 年揭示出来。在分离出处在不同阶段的细胞后，两位科学家将它们融合在一起，生成含有两个细胞核的杂种细胞。当 S 期细胞与 G_1 期细胞融合后，G_1 期细胞核也开始合成 DNA。但当 S 期细胞与 G_2 期细胞融合后，只有 S 期细胞核开始合成 DNA。这表明 G_2 期细胞只有在经过 M 期（有丝分裂期）后才能进入 S 期。

细胞周期的阶段

细胞分裂周期包含四个阶段：G_1 期生长，S 期 DNA 合成，G_2 期检查已复制的遗传物质，M 期将复制好的染色体分配到到两个细胞核中。在 M 期（有丝分裂期）后，母细胞分裂成两个子细胞。还有一些细胞则脱离细胞周期进入一个静止状态：G_0 期。

检查点 然而，癌细胞不同于寻常。1965 年，微生物学家唐纳德·威廉森使用放射性标记跟踪酿酒酵母生长期间的 DNA 合成，发现其细胞周期的阶段与多细胞生物细胞的相匹配，这意味着这种单细胞生物可作为研究真核细胞周期的模式生物。阻断细胞分裂的突变在正常情况下会结束一个细胞周期，但美国生物学家利兰·哈特韦尔分离出的一些酿酒酵母突变体对温度敏感，它们在 23ºC 时可正常生长和分裂，在 36ºC 时就会停止生长，停留在细胞分裂的某个阶段。这就仿佛细胞周期中的开关，并且不同的变异菌株会在不同的点停止生长，所以每个突变（及其基因）可用来标记一个阶段。哈特韦尔在 1970 年描述了数十个这样的基因，但其中最有趣的基因是“细胞分裂周期 28”（CDC28）——绰号为“开始”，因为它决定了一个细胞是否进入 G_1 期。由此引出了检查点的概念。

1982 年
亨特发现水平周期性上升和下降的周期蛋白

1987 年
纳斯表明裂殖酵母可以在细胞周期中使用人类的 CDK 基因

1988 年
发现所谓“促成熟因子”是周期蛋白和 CDK 的复合物

在读到哈特韦尔的研究后，英国遗传学家保罗·纳斯也开始对酵母产生兴趣，所以他来到爱丁堡大学，师从研究粟酒裂殖酵母的动物学家默多克·米奇森。纳斯也分离出对温度敏感的菌株，包括催促完成细胞周期的突变体。这些酵母会过早分裂，导致个头小于正常大小，所以他将之称为 wee 突变（wee 在苏格兰语中意为“小”）。1975 年，纳斯表明 CDC2（wee2）基因控制着一个细胞能否通过 G_2 期抵达 M 检查点。

“或许（也不是完全没有道理），还有些人会纳闷一个研究酵母的家伙在癌症研究机构究竟干什么。”

——保罗·纳斯

CDC2 在细胞周期中扮演着核心角色。1982 年，纳斯使用一种称为“跨物种互补”的技术以识别出能使细胞恢复通过检查点能力的基因。这涉及将不同的 CDC 基因插入到修饰过的 DNA 中，然后将它们植入对温度敏感的突变体中，看后者是否会生长。通过测试不同的物种和基因，纳斯发现裂殖酵母中的 CDC2 基因还具有与酿酒酵母中 CDC28 基因相同的功能，它们其实是同一个基因。这着实惊人，尤其是考虑到虽然两者都是单细胞生物，但它们的共同祖先生活在十多亿年前，所以这个基因延续了十多亿年。1987 年，当时已在伦敦一家癌症研究机构工作的纳斯通过相同的技术表明，人类 DNA 也可以恢复突变酵母，从而识别出人类中的 CDC2 基因。

周期 CDC 基因通过合成蛋白质控制细胞通过检查点。但如果这些蛋白质始终处在激活状态，细胞就有可能一路失控闯关。那么是什么控制着这些控制器呢？1982 年，英国生物化学家蒂姆·亨特通过研究海胆卵表明，一些蛋白质会在每个细胞周期期间先合成后降解。由于它们的水平周期性上升和下降，亨特将它们命名为“周期蛋白”，并提出它们可能与一种科学家已经寻找了二十多年的分子——“促成熟因子”（MPF）有关。

1988 年，包括保罗·纳斯在内的多位科学家发现，踪迹神秘的 MPF 其实是两种蛋白质的复合物：周期蛋白 B 和 CDC2 蛋白。现如今，CDC 蛋白被称为 CDK，即“周期蛋白依赖性激酶”（在人类中，CDK1

由 CDC2 基因合成)。激酶是一种酶，通过在其他蛋白质中添加磷酸根激活它们。这解释了周期蛋白–CDK 配对如何能够控制代谢：CDK 改变其他蛋白质，同时它的搭档周期性上升和下降，以确保 CDK 不是始终处在激活状态。比如周期蛋白 E 的水平在 G_1 期升高以促进 DNA 合成，然后在 S 期下降。

肿瘤抑制蛋白质，比如 Rb 蛋白和 p53，默认会处在激活状态以帮助预防癌症，但当细胞分裂的条件看上去一切就绪时，特定的周期蛋白–CDK 配对就会使其失活。酵母拥有一个周期蛋白和一个 CDK，人类则各有十多个。然而，这些物种在十多亿年前就已经走上不同演化路径的事实表明，这种控制系统起源于真核生物历史的早期，也再次强化了这样一个事实，即不论是酿酒酵母还是蓝鲸，细胞周期对复杂细胞的分裂而言至关重要。

癌症控制

异常细胞会突破层层阻断生长和分裂的屏障，包括细胞周期检查点，所以一些称为“肿瘤抑制子”的蛋白质将核查细胞是否应该从一个阶段进入下一个阶段。一种关键的抑制子是 p53（肿瘤蛋白 53），它会扫描 DNA，寻找其中的损伤——它因而也被冠以“基因组守护者”的昵称。如果检测到损伤，p53 会改变形状，开启各种基因，包括那些合成修复遗传物质的蛋白质的基因。它还会激活 p21，后者会抑制几种周期蛋白依赖性激酶（CDK）的活性，从而在 G_1/S 检查点中断周期。另一种关键的抑制子是 Rb 蛋白。其基因最初是在罹患一种罕见眼癌（视网膜母细胞瘤）的儿童身上识别出来的，但它现在已被证明可以对抗所有肿瘤。默认状况下，Rb 蛋白附着到一种称为 E2F 的蛋白质上，阻止 E2F 结合 DNA 和开启基因，从而像 p53 那样让细胞无法通过 G_1/S 检查点。但如果有一个 CDK 蛋白激活了 Rb 蛋白，它就不能再结合 E2F，从而使得细胞能够进入下一阶段。因此，肿瘤抑制子就像是制动器，阻止癌症走完整个细胞周期。p53、Rb 蛋白、周期蛋白或 CDK 的基因的突变因而可能会导致癌症。

复杂细胞会定期检查分裂是否正常进行

22 癌症

所有动物很有可能都会遭受失控细胞的困扰。在人类中，恶性肿瘤是导致发病和死亡的主要原因之一。根据世界卫生组织的数据，2012年有约1400万例癌症新增病例，并且这一数目在未来二十年预计将增加70%。

当身体失去对于自身细胞的控制时，癌症就会发生。它可以起源于任何身体组织，随着一群异常细胞（肿瘤）的扩散而产生超过100种具有相似特征的不同疾病。癌症的标志性特征包括：不受控制的细胞生长和分裂、获得独立性和永生性，以及通过操纵组织在体内转移。

肿瘤源自突变，不论是永久性的DNA变化（基因突变），还是对于基因组的可逆修饰（表观遗传突变）。患病的风险随着年龄的增长而增加，因为突变会随时间累积。有些肿瘤是自发生成的，有些是遗传的，但还有很多是环境因素（称为致癌物）引发的。导致皮肤黑色素瘤的紫外线就是一种物理致癌物，而烟草是一种化学致癌物。一种生物致癌物则由美国病毒学家佩顿·劳斯在1911年发现，当时他从一只普利茅斯岩鸡体内取出一个肿瘤，将肿瘤磨成浆，并过滤掉细胞，结果发现注射了滤液的正常鸡仍会长出肿瘤。致癌的是滤液中的一种病毒。

生长和分裂　劳斯肉瘤病毒后来揭示出为什么癌细胞的生长不受控

大事年表

1911年

劳斯肉瘤病毒表明肿瘤可被生物剂触发

1954年

阿米蒂奇和多尔提出了致癌突变的“二次突变假说”

1971年

福尔克曼分离出能够刺激血管生成的肿瘤血管生成因子

制。1976年，美国生物学家迈克尔·毕晓普和哈罗德·瓦默斯在正常鸡细胞中检测到了与劳斯肉瘤病毒的病毒 Src 基因相似的基因。两年后，毕晓普和瓦默斯在人类和小鼠中也发现了这样的基因，并表明该基因编码了一种“激酶”（激活其他蛋白质的蛋白质）。1979年，他们从未感染的鸡、鹌鹑、大鼠和人类细胞中分离出了 Src 蛋白。

癌症的克隆演化

癌症的发育是一个演化过程。通过不受控制的增殖，单个异常细胞繁衍出了一个克隆种群。其中有些细胞会携带能够帮助“个体”抵御环境挑战（包括免疫系统、放疗或化疗的攻击）的突变。存活下来的细胞会繁殖，于是在经历一次次的突变和自然选择之后，肿瘤会演化出种种能力，使得其难以被攻克。

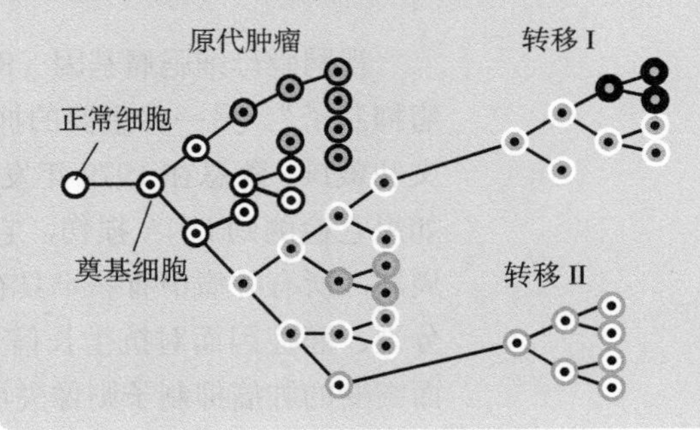

细胞 Src 基因是一种“原癌基因”，也就是说，它在突变后会变成“癌基因”，导致癌症。原癌基因常常编码的是一条信号通路中的蛋白质。细胞周围微环境中的信号，比如生长因子，通过结合到细胞表面的相应受体，传递到细胞内部，并进一步经由一系列蛋白质传递到细胞核；在那里，基因活动最终会改变细胞行为，做出反应。而通过改变生长因子、相应受体或下游蛋白质，癌细胞就能够获得自给自足的生长信号，而不需得到许可。比如在胶质母细胞瘤中，脑细胞就通过释放血小板源性生长因子来不断刺激自身。

在分子生物学家关注癌症的细胞机制时，遗传学家则在关注癌症的遗传模式。1954年，彼得·阿米蒂奇和理查德·多尔在研究不同种群后

1976 年
毕晓普和瓦默斯在正常细胞中检测到病毒 Src 基因

1979 年
莱文和莱恩发现重要的肿瘤抑制子 p53

1988 年
沃克斯发现 Bcl-2 可以让细胞在没有生长因子的情况下存活下去

> “癌细胞研究有点像考古学：我们必须利用其现在的遗存推断出过去，而这些遗存常常是难以解读的。”
>
> ——迈克尔·毕晓普

提出，癌症需要至少两个突变。1971 年，阿尔弗雷德·克努森研究了 48 例视网膜母细胞瘤病例的家族史，其统计数据支持了后来人们称为的“二次突变假说”。这可通过我们遗传了来自父母的各一套基因的事实加以解释：患有视网膜母细胞瘤的儿童具有两份突变的基因拷贝，而如果他当初已经从父母一方的配子那里遗传了一份突变拷贝，相较于没有从父母遗传的病例，他因另一份正常拷贝发生第二次突变而导致癌症发病的时间会更早。

视网膜母细胞瘤基因（Rb）是一种抑制不受控制的细胞分裂的“肿瘤抑制子”。另一种重要的抑制子是 p53（肿瘤蛋白 53），由阿诺德·莱文和戴维·莱恩在 1979 年发现。p53 被昵称为“基因组守护者”，因为如果它检测到 DNA 损伤，它会激活另一种蛋白质 p21 以中断细胞分裂周期。所有肿瘤中有一半具有一个突变的 p53 基因，使得细胞能够不断分裂。癌症因而对抗生长信号不敏感。突变的癌基因就像卡住的油门，而突变的肿瘤抑制子则像失灵的刹车和手刹——两相结合，它们会让出问题的癌症之车一路狂奔。

独立性和永生性　当正常细胞出问题时，它们会自杀，或者说“凋亡”。但在许多肿瘤中，突变的 p53 无法抑制另一种蛋白 Bcl-2（它会阻止线粒体向酶传递破坏细胞的信号）的活性，导致细胞不会凋亡。1988 年，生物学家戴维·沃克斯发现，将 Bcl-2 基因添加到血细胞中可帮助它们在没有生长因子的情况下存活下去，表明细胞的存活和生长是分开控制的。具有突变的 Bcl-2 的肿瘤得以躲避自杀。

癌细胞还可获得永生。正常细胞的分裂次数是有限的，次数由“端粒”决定。所谓端粒是位于染色体末端的重复序列的 DNA，旨在保护染色体的完整性，它会在每次细胞分裂后变短。癌症则利用“整容手术”绕过了这个问题：大约90%的恶性肿瘤会激活合成端粒酶的基因，这种酶能指导合成端粒的重复序列，维持端粒的长度，使得细胞误以为自己仍然青春如昔。

操纵和转移 植物不会得癌症。它们会出现异常生长，但由于它们的细胞受到刚性细胞壁的限制，所以肿瘤只有有限的可能侵入周围组织。而在动物中，癌症能够操纵利用细胞的可塑性。美国外科医生朱达·福尔克曼提出，癌症会刺激新血管的形成，即血管生成，而这一过程正常情况下会发生在身体构建组织或愈合伤口时。氧气和营养就这样被操纵来喂养永不知足的癌细胞。

肿瘤只有在从原发灶开始转移，从良性发展为恶性后才变成癌症。这个过程从细胞突破基膜开始。然后细胞会穿过毛细管壁进入循环系统，其中可能会涉及细胞形变（间变）。接着细胞会通过血液或淋巴系统运输，附着到远处的毛细管。得以在敌对的新环境中生存下来的细胞会侵入并殖民周围组织，最终生成一个转移性肿瘤。转移是癌症致死的首要原因（高达90%）。

传染性癌症

袋獾面部肿瘤病（DFTD）是一种感染塔斯马尼亚袋獾的传染性癌症。2012年，遗传学家伊丽莎白·默奇森发现，DFTD起源于一只雌性袋獾，之后经过突变的积累，如今的寄生性癌症株的DNA已经变得各不相同。肿瘤会引起干扰进食的病变和肿块，导致宿主饥饿，并会借着它们相互打斗时的啃咬脸部而进行传播。犬类会罹患犬传染性性病肿瘤（CTVT）。这是一种性传播疾病，在症状出现前可潜伏数月，以促进其传播。不同于CTVT在超过11 000年的演化过程中已经变得不那么有毒，自从1996年确诊第一例病例以来，DFTD在短短约20年间已经让袋獾的种群数量下降了80%，并有可能使这个物种在2035年灭绝。袋獾、狗和叙利亚仓鼠是目前已知的仅有的会患癌症的动物，表明癌症在自然界非常罕见。

表现得像自私的个体生物的身体细胞

23 病毒

病毒引起了人类已知最致命的疾病，包括艾滋病、流行性感冒和天花——但人类只是众多遭受病毒危害的物种之一。这些微小的寄生物无疑是世界上最成功的生命形式，它们能够感染演化树任何一个分支上的生物，从植物到细菌。

为了理解病毒，你可能需要暂时忘却它们是有时会给宿主带来疾病和死亡的病原体的事实。它们的身影到处可见，上至珠穆朗玛峰（隐藏在登山的人类体内），下至大洋海底。它们是地球上存量最丰富的生命形式，仅在海洋中就估计有四百万亿亿亿（4 后面有 30 个零）个病毒，是单细胞海洋微生物的十倍。可以说，我们生活在一个病毒星球上。

比细胞还小 像天花病毒这样的大病毒可以在光学显微镜下看到，但大多数需要借助电子显微镜才行。电子显微镜由恩斯特·鲁斯卡在 20 世纪 30 年代开发出来。然后在 1939 年，恩斯特的弟弟、德国医师赫尔穆特·鲁斯卡发明了一种“镀膜”技术，让重金属（比如铀）原子覆盖在物体上，使得其更好地反射电子束，并借此获得了第一张病毒照片，揭示出其大小。到了 1959 年，成像变得更为容易，当时生物学家悉尼·布伦纳和物理学家罗伯特·霍恩开发出一种使用碳和金属盐的“负染色”技术。现如今，我们知道病毒平均而言比细菌小一百倍。

大事年表

1898 年

拜耶林克发现烟草花叶病毒，并证明它会感染正在分裂的细胞

1936 年

皮里和鲍登纯化烟草花叶病毒，并表明它含有蛋白质和 RNA

1955 年

弗伦克尔 - 康拉特和威廉斯使用病毒的 RNA 和蛋白质组装出烟草花叶病毒

> “只有正在生长、细胞正在分裂的那些植物器官才能够被感染；病毒只有在这里复制自己。”
>
> ——马丁努斯·拜耶林克

病毒的微小性最先在一个几乎一手建立了病毒学的物种上被揭示出来。1886年，德国科学家阿道夫·迈尔发现一种“花叶病”能使烟叶上出现斑点。害病叶片的液体提取物经过滤纸过滤后仍可感染健康植株，迈尔因而认为它含有细菌。俄国植物学家德米特里·伊万诺夫斯基使用一种孔径小于一微米（千分之一毫米）的陶瓷过滤器滤除液体中的细胞，但得出结论认为这种病是由毒素引起的。1898年，荷兰微生物学家马丁努斯·拜耶林克描述了针对这种神秘疾病所做的很多检验，包括干燥和储存过滤后的液体。他提出这种疾病是由一种未知的病原体引起的，他称之为“传染性的活液体”，它只会感染正在分裂的细胞。1935年，真正的病原体，烟草花叶病毒（TMV），被温德尔·斯坦利分离纯化。这位美国生物化学家当时认为他的蛋白质晶体被磷污染了，但一年后，英国病毒学家诺曼·皮里和弗雷德里克·鲍登发现所谓“污染物”其实来自RNA。

病毒颗粒 在发现核酸（DNA和RNA）是生命的遗传物质之后，“病毒体”（一个病毒颗粒）的内部结构得以揭开。1955年，德国生物化学家海因茨·弗伦克尔-康拉特和美国生物物理学家罗布利·威廉斯表明，病毒RNA混合一点蛋白质就足以生成烟草花叶病毒。同年，英国晶体学家罗莎琳德·富兰克林（当初正是她的X射线晶体图样帮助揭示出DNA的双螺旋结构）发现烟草花叶病毒是棒状的。1956年，她揭示出RNA是如何被装在空心棒中的。与此同时，德国生物物理学家阿尔弗雷德·吉雷尔和格哈德·施拉姆证明RNA具有传染性，表明它是烟草花叶病毒的遗传物质。

1956年
吉雷尔和施拉姆证明烟草花叶病毒的RNA分子具有传染性

1962年
尼伦伯格和马特伊发现病毒RNA具有蛋白质编码基因

1970年
特明和巴尔的摩发现诸如HIV之类病毒使用“逆转录酶”

病毒的起源

病毒是如何起源的？目前有三种理论。根据“逃逸”假说，病毒源自于宿主基因组中的“自私”元件，后来获得了在细胞之间移动的能力。这需要具有编码能够剪切粘贴DNA的酶的基因，就像哺乳动物基因组中的反转录转座因子。原病毒将陆续获得更多本领，直到最终变成诸如艾滋病毒之类。第二种假说是“退化”，一个自生细胞退化成为一个寄生物。这一想法的支持证据来自那些巨型病毒，比如拟菌病毒和潘多拉病毒，它们的个头达到一微米，并具有与立克次体等寄生细菌类似的特征。最后，“病毒在先”假说提出，从35亿年前生命起源的“RNA世界”（参见第4章）时起，细胞生物和病毒就已经共存。这一起源遗留的活化石可能是类病毒，一类不具有蛋白质外壳、仅由单链RNA构成的主要危害植物的病毒样实体。基于病毒的多样性，这三种假说很有可能不是相互排斥的，所以病毒可能有多种起源。

而后在1962年，分子生物学家马歇尔·尼伦伯格和海因里希·马特伊证明，将病毒RNA加入试管中的细胞内容物中会产生蛋白质，表明RNA具有蛋白质编码基因。

一个病毒颗粒包含两或三个部分：一个基因组、一层衣壳，以及有时还有一层包膜。而所有这些都源自于从宿主细胞中偷来的分子。遗传信息由核酸（DNA或RNA）携带，而衣壳由蛋白质构成，可能是一个二十面体结构（比如在引起普通感冒的鼻病毒中），或者是一个棒状螺旋体（比如在烟草花叶病毒中）。人类免疫缺陷病毒（HIV）和其他许多病毒还具有包膜，这层脂质膜由宿主的细胞膜或细胞核物质构成，上嵌能帮助病毒侵入细胞的蛋白质。

感染 病毒是细胞内寄生物，需要利用宿主的分子机器进行复制。当病毒遇到细胞时，其衣壳上的蛋白质会附着到宿主细胞膜的受体上，解锁细胞的“大门”。病毒的感染能力取决于相匹配的分子，所以HIV只能侵入携带CD4受体的白细胞。对于像HIV这样的病毒，其病毒包膜会与细胞膜融合，使得衣壳可以穿透，进入其中。如果细胞有细胞壁，衣壳可能需要通过上面的孔洞进入。病毒体可能包含降解衣壳的酶，这个过程叫作“脱壳”。裸露的病毒基因组然后会将细胞转化为病毒制造工厂。

复制过程因病毒基因组而异，后者可能是DNA或RNA、单链或双链、正链或负链。在这样的每种组合中，遗传物质都会得到复制，并进而使用细胞的基因表达机器合成蛋白质，但有些病毒也会带来自己特殊的酶。1970 年，美国遗传学家霍华德·特明和戴维·巴尔的摩各自独立发现 RNA 肿瘤病毒携带一种逆转录酶，它可以读取单链 RNA 并将其复制成双链 DNA——这个过程在正常细胞内是不会发生的。HIV 会产生逆转录酶以及另一种“整合酶”，后者会将病毒 RNA 的 DNA 拷贝插入人类基因组中，创造出一个“原病毒”，它会在引起获得性免疫缺陷综合征（AIDS）之前保持休眠多年。

病毒体结构

病毒体（一个病毒颗粒）的基因组被包裹在蛋白质外壳或所谓“衣壳”之内。衣壳具有两种主要结构形式。螺旋结构是棒状的（比如在烟草花叶病毒中），或者是形状可变的丝状（比如在埃博拉病毒中）。在很多鼻病毒中，二十面体结构形似足球，而噬菌体则组合了二十面体的头部和螺旋状的尾部。T4 噬菌体像注射器一般的尾部能将自己的基因组注射到宿主大肠杆菌的细胞膜之内。

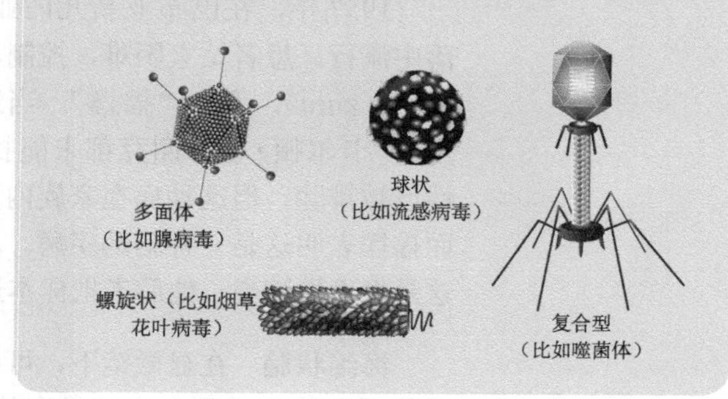

疾病 在病毒 DNA 被插入基因组时，有些病毒会引发突变（比如在致癌的肿瘤病毒中），有些则不会造成什么直接伤害，而是会在细胞分裂或从细胞外膜出芽时保持休眠（比如在艾滋病毒中）。但还有许多病毒会不停复制，直到这些病毒体导致细胞爆裂或者说“裂解”——这对多细胞生物而言不是致命的，但对单细胞微生物而言就是。寄生物只有在削弱宿主的生存或繁殖能力时才会造成严重后果。普通感冒，一种由两百多种不同病毒引起的上呼吸道病毒感染综合征，并非是致命的，但等到你康复之时，你已然帮助传播了感冒。

利用宿主细胞进行自我复制的寄生生命形式

24 朊病毒

朊病毒可以在哺乳动物中引起传染性脑病。不像病毒等感染原，它们不含核酸，而只是蛋白质。它们不是活的，所以不能被杀死——它们也很难被破坏，目前尚没有已知的疗法。然而，朊病毒可能并不全是坏的。

1957 年，在巴布亚新几内亚高地，一种神秘的疾病正在弗雷族部落中流行。患者站立困难，控制不住地发笑和震颤。当地人把这称为库鲁病（kuru），意为“摇摆”。当地的卫生官员文森特·齐加斯和美国医生 D. 卡尔顿·盖杜谢克都未能找到病因。饮食或环境中的毒素的可能性已被排除，但这种病在家族内更常见（莫非这是一种遗传性疾病？），而摇摆表明这是一种脑部疾病。尽管没有出现炎症，盖杜谢克还是怀疑这是病毒性脑炎。他后来把样本送回了家。

海绵状脑 在显微镜下，可以看到库鲁病患者的脑部组织切片充满了孔洞，使之看到上去就像海绵。1959 年，在一次展览上看到相关照片后，专长病理学研究的兽医威廉·哈德洛注意到它与羊痒病的相似之处。羊痒病是一种发生在绵羊身上的致命疾病，会导致瘙痒、失去协调和瘫痪等症状。这种病在 18 世纪被发现，并在 20 世纪被发现可传染山羊和小鼠。

羊痒病和库鲁病都属于传染性海绵状脑病。这类疾病的另一个例子

大事年表

1957 年
齐加斯和盖杜谢克研究了在巴布亚新几内亚弗雷族部落中流行的库鲁病

1967 年
格里菲思提出蛋白质可使用自身作为模板进行自我复制

1982 年
普鲁西纳分离出导致羊痒病的感染原，并发现它缺乏核酸

是 1986 年在英国首次确认的牛海绵状脑病（BSE），或俗称“疯牛病”。它起源于用作牛饲料的肉骨粉受到了羊痒病污染。在人类中，类似的疾病称为克罗伊茨费尔特 – 雅各布病（CJD），分成偶发性 CJD、经由医疗污染传染的医源性 CJD，以及基因突变造成的家族性 CJD。第四种类型出现在 1996 年：变种 CJD，因吃食感染疯牛病的牛肉而患病。库鲁病的秘密其实在数十年前就已经被解开，现在可拿来与疯牛病和变种 CJD 相对照：弗雷族存在仪式性的食人习俗，通过烹饪和分食去世亲属的遗体向其表示敬意。而随着这个传统被废除，库鲁病的传播也随之停止。

“我一直预期纯化的羊痒病感染原会是一种小病毒，但当数据反复告诉我我们的制剂含有蛋白质而不含核酸时，我着实困惑不已。”

——斯坦利 · 普鲁西纳

慢病毒 20 世纪 60 年代，D. 卡尔顿 · 盖杜谢克和乔 · 吉布斯通过实验表明，库鲁病在感染与发病之间存在一个很长的潜伏期，对此他们用一种神秘的“慢病毒”来加以解释。研究羊痒病的科学家也相信致病的是一种病毒性病原体——它极难被破坏，甚至被存储在福尔马林（甲醛的水溶液）中后仍有致病性。它也能耐受通常行之有效的加热和紫外线照射消毒方法。

然后在 1972 年，斯坦利 · 普鲁西纳开始在加州大学旧金山分校神经病学系驻院实习。在那里，他开始使用仓鼠研究 CJD，并最终成功分离出其中的“慢病毒”。但他一直未能从中发现任何遗传物质，找到的只有蛋白质。1982 年，普鲁西纳提出了一个争议性的想法，羊痒病是由“对大多数核酸修饰过程具有抗性的小的蛋白感染粒引起的”。“蛋白感染粒”（proteinaceous infectious particle）的说法很快被简化为“朊病毒”（prion）。

1986 年

英国出现疯牛病

1999 年

日本科学家证明正常的朊病毒蛋白可保护脑细胞

2003 年

西和坎德尔发现帮助维持记忆的朊病毒样蛋白

感染性蛋白 蛋白质如何能够具有传染性？1967年，理论科学家约翰·格里菲思提出了三个可能的机制。其中之一是自我复制，这时感染原是一种“异常形式的蛋白质，能够自发生成，并可作为模板诱导生成更多异常形式的蛋白质”。1985年，普鲁西纳和瑞士生物学家查尔斯·魏斯曼从一只感染了羊痒病的仓鼠脑中分离出编码朊病毒的基因，并进而表明该基因在正常的仓鼠、小鼠和人类中也可检测到。这证明了朊病毒的“遗传”物质存在于细胞中。这种异常的朊病毒蛋白被命名为PrP^{Sc}（Sc代表羊痒病），相应正常的蛋白则为PrP^{C}（C代表细胞）。1992年，普鲁西纳和美国科学家弗雷德·科恩使用计算机软件预测蛋白质的折叠，结果表明PrP^{Sc}的二级结构主要是平的β-折叠，而PrP^{C}由弹簧状的α-螺旋结构构成。所以朊病毒是错误折叠的蛋白质，并且它能够诱导正常的蛋白质改变形状。

异常聚集体 朊病毒是分子生物学中的“僵尸”。核酸的复制需要使用单链DNA或RNA作为模板。相反，朊病毒并不是从零开始创造自己的拷贝，而是使用自己的形状作为模板，将一个现有PrP^{C}蛋白转化为PrP^{Sc}分子。然后连锁反应会生成越来越多的“僵尸”。

PrP^{Sc}的β片层比PrP^{C}的更平坦，使得朊病毒能够堆叠形成“淀粉样”纤维的异常聚集体。这些有毒纤维会

神经退行性疾病

就像朊病毒疾病，诸如阿尔茨海默病和帕金森病之类的疾病也与异常聚集体有关，后者随着年龄增长而累积，并会降低患者的认知能力。但不像朊病毒，形成聚集体的蛋白质不是感染原——不过两者确实具有相似特征。在阿尔茨海默病（导致人类痴呆的最常见原因）中，患者大脑皮质的一些区域随着聚集体的出现而缩小：称为“β-淀粉样蛋白”的多肽（蛋白质片段）导致生成淀粉样斑块，同时τ蛋白导致神经元纤维缠结，从而阻塞细胞内的传输网络。当β-淀粉样蛋白或τ蛋白从一个神经元转移到另一个时，它们会引发一个新的聚集体，这也是为什么它们会被称为“朊病毒样”蛋白——它们由于错误折叠而从正常蛋白质转变成异常结构。“自我复制”可能会导致某种重要的蛋白质被耗尽，聚集体本身可能会导致并发症（就像在朊病毒疾病中那样），或者两者同时成为问题。导致最初错误折叠的原因尚不可知，而最初触发神经退行性疾病的因素也还不清楚，因为只有10%与基因变化相关。由于暴露于创伤和其他环境因素的影响随着时间而积累，所以它有可能简单是因为年纪大了。

杀死神经元，促使星形胶质细胞清理坏死的神经组织碎片，从而在脑中留下孔洞——海绵状由此而来。由于朊病毒几乎“刀枪不入，水火不侵”，纤维会一直存留下去，而孔洞会越来越多。支持朊病毒只是蛋白质的假说的一项重要证据出现在 2004 年，当时普鲁西纳的实验室得到了一些细菌，它们能够合成朊病毒，并且后者会发展形成淀粉样纤维。在被注入小鼠体内后，它们引起了神经功能障碍。并且淀粉样纤维可导致生成淀粉样斑块，而类似的过程也发生在神经退行性疾病中。

记忆分子 那么正常的朊病毒蛋白是做什么的呢？1992 年，魏斯曼发现 PrP^C 是细胞膜上的一个受体。移除了该基因的小鼠还可以免疫羊痒病，并健康存活数月，表明这种蛋白质似乎可有可无。但在 1999 年，两个日本研究团队发现，当小鼠缺乏 PrP^C 时，它们的脑细胞会失去能够绝缘电信号的髓鞘，并且一种名为浦肯野细胞的神经元会死亡。所以看上去正常的朊病毒蛋白实际上在保护脑。

从那以后，人们已经在许多物种中发现了有益的朊病毒蛋白。比如在酿酒酵母中就发现了几十种。2003 年，神经生物学家高锡克·西和埃里克·坎德尔在一种海蛞蝓体内发现了 CPEB 蛋白（胞质多聚腺苷酸化元件结合蛋白）。当 CPEB 与转录自神经元基因的 mRNA 结合时，细胞会产生记忆储存所需的蛋白质。特别值得注意的是，CPEB 的一端与一种酵母朊病毒蛋白相似。当西和坎德尔将 CPEB 放入酵母细胞中时，该蛋白质变成了朊病毒。如果一个脑细胞特意将 CPEB 转变成朊病毒，这会间接使得细胞不断生成蛋白质。自我复制的蛋白质因而或许可以解释长期记忆是如何维持的。

自我复制的蛋白质能够损害或保护脑

25 多细胞

复杂生物历史上的第一个重大转变是真核细胞中细胞核和线粒体的形成。这件事很有可能只发生了一次，而相较而言，多细胞身体的演化发生了多次，表明它会带来很多优势。

一个单独的单细胞生物可独立完成所有重要任务，包括运动、自保和繁殖。它可以说是“样样通，样样松”。相较之下，一个多细胞身体可将各种活儿分配给特异化的组织。一个最基本的区分是，细胞可分成两类：生殖细胞将遗传信息传递给下一代，而体细胞从事其他所有活动。

分工 生殖细胞与体细胞之分由德国动物学家奥古斯特·魏斯曼在1883年首先提出，他认为这种分工使得生物能够演化出复杂的身体。通过分化，体细胞产生了适应不同工作的细胞，从进食到光合作用，不一而足。如果一个生物的细胞是特异化的、黏附在一起、相互依赖和相互沟通，那它就是多细胞的。不具备这四个特征，这个“身体”只不过是一个细胞群落。不过，由于现生生物的祖先早已不见踪迹，所以其起源不免众说纷纭。基于细胞黏附和沟通这两个特征，多细胞的起源发生过十次：一次在动物界，三次在真菌界，六次在植物界。

黏附在一起 多细胞是怎样起源的？由于形成现代多细胞身体的

大事年表

1883年
魏斯曼描述了分工，并区分了生殖细胞与体细胞

1987年
利奥·巴斯在《个体性的演化》中讨论了细胞层级和群体层级上的自然选择

1988年
夏皮罗认为一些细菌应该被视为多细胞生物

事件发生在亿万年前，所以科学家经常通过比较单细胞物种及其多细胞亲戚加以研究。对此的完美模式生物是绿藻中的团藻。通过研究这种多细胞生物的突变种，发育生物学家已经发现了多个控制藻类如何生成较大的生殖细胞和较小的体细胞的基因。1999年，斯蒂芬·米勒和戴维·柯克发现了不对称分裂所需的glsA基因——突变的glsA便会生成同样大小的细胞。2003年，米勒从单细胞生物衣藻中分离出相同功能的基因，并将其导入突变团藻中，结果后者重新获得了生成不同大小细胞的能力。2010年，由丹尼尔·罗克萨领导的遗传学家团队比较了这两个物种的基因组：尽管两者惊人相似地都具有约14 500个基因，但团藻拥有更多编码用于细胞壁和胞外基质的蛋白质的基因——正是这些基因将细胞黏附在了一起。

生物膜

细菌经常会形成一层生物膜，一种通过某种黏液将细胞黏合在一起的胞外基质。这种微生物垫由糖、蛋白质、脂质和核酸构成，而这些物质是细胞在突然面对应激环境时释放的。环境变化促使附近的生物改变其遗传活动，进而改变其特征和行为。生物膜形成了一个屏障，使得其中的细胞可以分享代谢物，但更重要的是，可以阻止有毒物质的进入。比如，金黄色葡萄球菌和大肠杆菌形成的生物膜中含有对抗生素具有更强抗药性的细胞，而这可能为对抗像耐甲氧西林金黄色葡萄球菌（MRSA）这样的超级细菌提供了启示。生物膜可在大多数表面上形成，从水汽界面的薄层到实验室的培养皿，不一而足。尽管生物膜具有多细胞的许多特征（比如黏附在一起），并且细胞可由此获得收益（比如共御外敌），但它只是一个临时性形态。不像一个多细胞身体，生物膜并不总是由同一来源的细胞构成。它们甚至可能不是来自同一个物种。因此，“社区”内的利益冲突和竞争会多得多，而随着作弊细胞的兴起，微生物垫最终会变得不稳定。

相互依赖和沟通 1988年，遗传学家詹姆斯·夏皮罗在《科学美国人》杂志上发表了一篇影响深远的文章，题为《作为多细胞生物的细

1999年
米勒和柯克发现多细胞团藻的细胞分裂基因

2010年
发现团藻与单细胞衣藻的基因组只有极小差异

2014年
拉特克利夫和利比认为最初的多细胞身体通过棘轮效应稳定下来

菌》，其中挑战了将微生物视为单细胞生物的观点。他给出的一个例子是一种蓝细菌，柱孢鱼腥藻。对于常规的蓝细菌，光合作用和吸收大气中的氮必须分开进行，因为两个过程的代谢反应会相互干扰。但鱼腥藻的丝状体由一串细胞构成，它们在分裂后并未完全分离，并且特异化为光合细胞、固氮的异形胞、储存物质的静息孢子以及能运动的连锁体。前两种细胞不能繁殖，但后两种可以，有点像复杂生物的体细胞与生殖细胞之分。

“见于多细胞生物的分工原理……引导它们逐渐形成了越来越复杂的结构。”

——奥古斯特·魏斯曼

然而，由于细胞密度的增加，丝状体以及其他形态会影响机动性，并增加对于资源的竞争，那么为什么还要形成一个身体呢？2006 年，生态学家詹卢卡·科尔诺和克劳斯·于尔根斯将弯曲杆菌与以细菌为食的赭球藻一起培养，结果发现超过 80% 的猎物变身成为由拉长细胞构成的不可食用的细丝。所以触发向多细胞转变的一个因素可能简单是因为身体越大，越不容易被捕食者吃掉。

个体性 从细胞群到多细胞身体的转变是一次深刻的生态变化，细胞之间从竞争变为合作，并涉及对于何为一个个体生物的重新定义。在这个过程中，自然选择会在多个层级上起作用，具体取决于群体生活如何影响一个细胞的生存和繁殖能力。如果成本超过了收益（就如在细菌生物膜中所见的那样），细胞层级上的选择将比群体层级上的选择快得多，最终导致群体解体。

那么多细胞最终如何实现稳定存在呢？一种可能性是，自然选择可能会青睐某个性状：当细胞生活在一个群体中时，它会增加其适合度，但如果细胞离开，它会变得得不偿失。2012 年，威廉·拉特克利夫通过实验演化检验了这个假说。他将正常情况下是单细胞生物的酿酒酵母放在试管中静置 45 分钟，然后将位于底部的细胞转移到新试管中。如此重复60次，使得人工选择更偏好那些较重的细胞簇。结果出人意料地，酵母演化出了除黏附在一起外的第二个性状：高细胞凋亡率。

拉特克利夫和埃里克·利比基于数学模型提出，这些凋亡的细胞是细胞簇中的“薄弱环节”，而它们的自动死亡使得细胞能够避开试管的空间和营养流限制所施加的生长限制：由此会产生比例相对更小、生长更快的细胞簇。细胞凋亡是对于群体生活的一种适应，但如果细胞脱离群体，这就会变成不良适应，因为高自杀率降低了它们相对于其他自生细胞的竞争力。像细胞凋亡这样的性状，它们就像演化棘轮，使细胞在群体生活方式中越陷越深，难以回到独善其身的老路。

多细胞的模式生物

研究多细胞演化的一个完美模式生物是团藻，它是一种绿藻，后者的成员既有单细胞生物，也有包含数以千计细胞的多细胞生物。科学家通常会比较两个物种：单细胞的莱茵衣藻，它会在分裂前吸收自己的鞭毛；以及团藻，它拥有约16个大的生殖细胞，位于一个透明球体内部，球体表面则包含约2000个小的体细胞——它们形似衣藻，具有鞭毛，可驱动球状身体转向阳光进行光合作用。

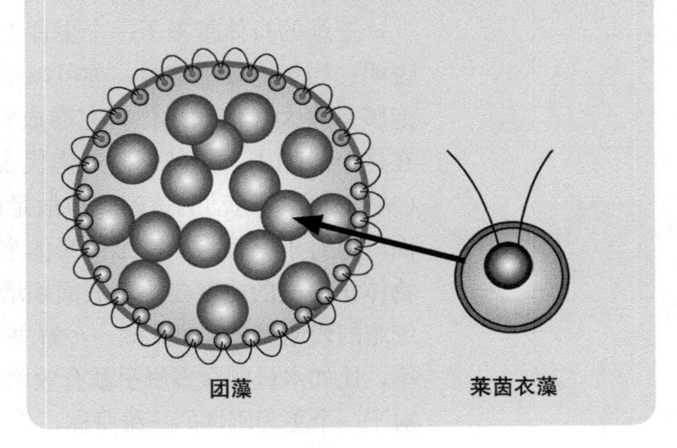

细胞丧失个体性，形成多细胞身体

26 循环系统

动物通过细胞呼吸为大部分代谢反应提供能量。这一过程会吸收氧气和营养物质，排出代谢所产生的废物。在体内，物质在细胞与环境之间的移动是通过血管或其他运输网络（即循环系统）实现的。

三维的身体带来了一个生理上的挑战，对此可通过一张气泡膜举例说明：当气泡膜平铺时，你可以很容易地按破任何一个气泡，而不论气泡膜有多大；但如果你将它卷成卷，再想按破内部的气泡就困难多了。在这个隐喻中，按破一个气泡代表扩散速率，也就是分子沿着浓度梯度（从高到低）运动的速率。扩散足以使代谢物穿过一个多细胞平面的表面，但对于穿过一个三维的身体来说就不够了。随着细胞数量增加，生物体积增大的速度要快于表面积增加的速度，因而仅靠扩散已无法满足细胞的代谢需求。对此的一个解决方案是通过折叠来提高表面积 / 体积比率，比如水母的众多触手就有效增加了与周围环境接触的表面积。然而，对于一个更为刚性的三维身体，你就需要循环系统来运输代谢物了。

开管和闭管循环系统 循环系统要用到相互连接的管道（“血管系统”），以及驱动血液在全身流动的泵（心脏）。在闭管循环系统中，血液只在血管中流动，而细胞完全浸泡在“组织液”中。代谢物通过扩散

大事年表

约 200 年

盖伦将肝脏置于开管血管系统的核心地位

1543 年

维萨里提出人的心脏分成不相通的左右两侧

1559 年

科隆博声称心脏泵出的血液经由肺部进行循环

脊椎动物的心血管系统

脊椎动物的循环系统要么是单循环，要么是双循环，具体取决于心脏是否分隔开来。鱼类心脏的一心房一心室相通，所以血液经由它们的气体交换器官（鳃）送往全身。鸟类和哺乳类具有双循环，它们的心脏有两心房两心室，并且左右隔开，所以通向肺部的缺氧血液（肺循环）与通向全身的富氧血液（体循环）是分开的。其他脊椎动物则有不完全的双循环。

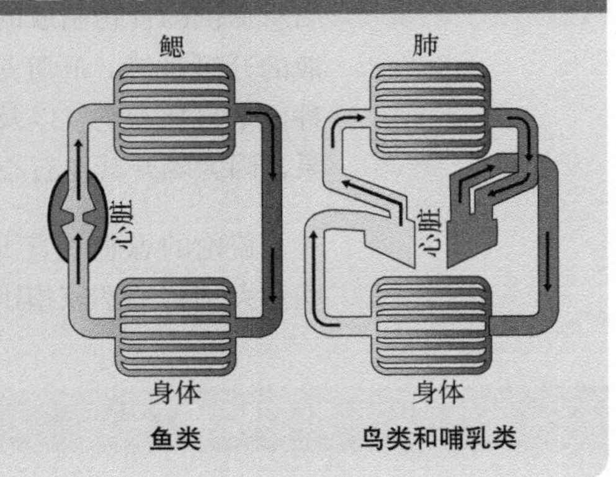

穿过内皮层进行交换，而组织液经常会进入淋巴系统，形成淋巴液，然后重新回到血液中。在开管循环系统中，血液会直接进入体腔或血腔，血管没有被内皮层包裹。由于三种体液没有区分，所以它统称为血淋巴，或简单称为“血液”。所有脊椎动物都使用闭管循环系统，无脊椎动物则根据其多样化的生活方式各取所需。大多数软体动物、甲壳动物以及节肢动物（包括昆虫）都使用开管循环系统，但软体动物尤为有意思，因为它们当中不仅有像牡蛎这样的双壳类和像蜗牛这样的腹足类，还有像章鱼和鱿鱼这样的头足类，后者便使用具有强有力心脏的闭管循环系统，以适应它们积极游动和捕食的生活方式。

心脏和血管系统 现如今，我们知道血管系统的核心是心脏。但在16世纪之前的将近1400年里，解剖学一直被一个人的思想所主导，他

1603年

法布里修斯发现血管中的单向阀

1628年

哈维将心脏置于闭管循环系统的核心地位

1661年

马尔皮吉观察到气体交换系统和毛细血管

就是出生在公元 130 年左右的古希腊医生盖伦。他认为血液是肝脏利用肠所提供的食物制成的，然后被各种组织所消耗——这是一个不回收体液的开管系统。肝脏是这个系统的核心，而血液被注入了“活气”，一种由来自肺的空气以及来自心脏的热量构成的混合物。心脏也不是一个泵，因为隔开其左右心室的隔膜上有孔。

盖伦的思想一直没有受到什么挑战，直到 16 世纪帕多瓦大学的一些意大利解剖学家指出了他的错误。比如安德烈亚斯·维萨里证明了血液不会穿过心脏隔膜，雷亚尔多·科隆博则声称血液经由肺部进行肺循环。1603 年，希罗尼莫斯·法布里修斯发现静脉有防止血液逆流的单向阀（静脉瓣）。不过，是他的学生英国医生威廉·哈维最终证明了盖伦的教条是错误的。哈维通过放血测算出各种哺乳动物的总血液量，并指出这些量远远超出了通过食物所能获得的。他据此得出结论：“动物体内的血液循环流动，永不停歇。”1616 年，哈维开始在内科医学院的讲座中发表他的血液循环理论，并通过在人体手臂上使用止血带来揭示血流的方向。止血带会阻止血液流动，使血管鼓起，从而表明动脉血来自心脏而静脉血流向它。

哈维 1628 年的《心血运动论》一书在献给国王的献词中写道：“动物的心脏……所有力量来源于此。”但哈维

维管植物

三维的身体起源过两次：一次是约 7 亿年前多细胞动物出现，另一次是约 4.5 亿年前植物首次登上陆地。通过趋同演化，陆生植物找到了类似的解决方案来组织分化的多细胞，包括茎－根轴（类似于动物的头－尾形态），以及顶端分生组织（位于根茎顶端的干细胞）。植物缺少一个循环系统，但具有一个维管系统，通过两类维管（筛管和导管）输送流体。筛管充满汁液，由排成一列的活细胞构成，这些细胞会主动将光合作用合成的糖类挤压进树汁中，然后运输到其他地方，再使之通过扩散进入细胞。导管则由死细胞构成，能够被动地往上输送水以及溶解在水中的营养物质。液体从土壤通过渗透穿过细胞膜，进入根中，然后利用毛细作用克服重力，补充因叶片上气孔的蒸腾作用而损失的水分。植物细胞壁中含有可抵抗挤压和其他压力的纤维素和木质素，从而为植物长高提供了结构性支持。

只说对了一半：大多数动物只有一颗心脏，但有些动物却有多颗。章鱼有一颗心脏为身体供血，还有两颗附属的鳃心专为鳃供血。蚯蚓和其他环节动物没有这个器官，而是通过挤压身体（“蠕动”）或者肌肉收缩（类似于食物通过你的消化系统的方式）来推动血液在闭管循环系统中流动。

“动物的心脏是它们生命的基础，是它们内部一切的主权者，是它们微宇宙的太阳，所有生长有赖于此，所有力量来源于此。”

—— 威廉·哈维

气体交换系统 哈维在血管系统中未能找到为细胞供血的部分。尽管他相信它们存在，但直到1661年，意大利生物学家马尔切洛·马尔皮吉在显微镜下研究青蛙肺时，这些毛细血管才最终被观察到。马尔皮吉还提出，肺泡表面是空气与血液交换气体的地方（现在我们知道这是通过扩散作用穿过毛细管壁实现的）。呼吸作用消耗氧气，排出二氧化碳，而这些气体通常与呼吸色素，比如血红蛋白中的血红素相结合，并经常由血细胞携带运输。

马尔皮吉发现，昆虫并不使用血液运输气体，而是使用气管系统——它一头通过外骨骼上的气门与外界相通，另一头经由气管和微气管的分支结构，使空气抵达足够近的地方，最终得以扩散进细胞所在的血液中。爬行类、哺乳类和鸟类也使用分支结构，空气通过气管和支气管通向可充气的肺泡；鱼类是让水滤过鳃部；一些两栖类则单纯依靠气体扩散穿过皮肤。生理呼吸经常被描述为一个以气体交换为结束的独立过程，但更好的做法是将呼吸系统和血管系统看成相互关联的一个循环系统。

克服了扩散缺点的运输系统

27 衰老

死亡是一种自然现象。在野外环境中，生物通常会因捕食者、疾病或意外伤害等环境因素而死亡。而那些侥幸逃脱了这些“外因”而幸存下来的个体，接下来又不得不面对“内因”——它们将因年老而亡。然而，不同的物种有着不同的最高寿限，这就引出了一个问题：我们为什么会变老？

对于衰老的一个已经过时但如今仍时有耳闻的解释是：个体死亡是为下一代腾出空间。这暗示自然选择会“为了集体利益”而避免过度拥挤。正如德国生物学家奥古斯特·魏斯曼在1889年所说的：“年老体衰的个体对整个物种来说不但毫无价值，而且甚至是有害的，因为它们占据了健康个体原本可用的空间。”但这种幼稚的论证不仅会助长社会中的年龄歧视，也违背了演化的逻辑，因为一个实行“自杀”的种群容易让作弊者乘虚而入，在竞争中落败：假如出现了一个不老的个体，它会从其他个体的自我牺牲中获益，却不必付出自身死亡的代价；它的后代因而会在基因库中广泛传播它们的“不老基因”，从而消灭衰老。

演化解释　从个体和“自私的基因”（参见第46章）两个角度来看，不老具有一个重大优势：一个生物可以持续不断地繁殖。那么为什么衰老还会存在呢？在1951年的一次讲座中，动物学家彼得·梅达沃

大事年表

1889年	1951年	1961年
魏斯曼提出年老个体为了物种利益而死亡	梅达沃指出自然选择的效果随着年龄增长而下降	海弗利克揭示出细胞分裂次数的上限

提出了两个关键洞见。首先，他区分了衰老（ageing）过程与他所谓的“生物学衰老”（senescence），后者是导致身体机能下降和死于外因（比如捕食者）风险提高的种种生物学症状。其次，他指出自然选择的效果随着个体年龄的增长而下降，所以它无法作用于那些导致致命疾病（比如影响中老年的癌症和心血管疾病）的突变。

一个遗传突变除非产生了可见的表型，否则它不会被自然选择注意到。一个降低青壮年期身体机能的突变可能会导致一个个体被适者生存法则所淘汰，但一个在老年期导致生物学衰老的突变实际上对自然选择而言是不可见的。自然选择的效果在生物的一生中逐渐下降：如果一个突变基因在个体繁殖前就降低了它的生物机能，突变就不会被传递下去；但如果一个突变导致个体在繁殖后出现生物学衰老，这就已经太晚了——基因已经被遗传。因此，导致生物学衰老的因素可以在演化过程中逐渐积累，这就是衰老的“突变积累”理论。

延长寿限

延长寿限的最可靠办法是少吃点，这称为限制热量或限食，已经在许多生物上得到验证。比如小鼠在减少30%—40%的食物摄入量后能够长寿，减缓衰老的生理迹象出现，并帮助预防疾病。尽管确切的工作原理还不清楚，但在1999年，分子生物学家莱昂纳德·瓜伦特提出这涉及一种称为去乙酰化酶的蛋白质。他的团队发现了一种可延长酵母细胞寿命的去乙酰化酶Sir2，并在一年后发现它会控制其他蛋白质，导致代谢改变和对于细胞应激的应答。哺乳动物拥有七种与Sir2类似的蛋白质，其中包括人类中的SIRT1。遗传学家戴维·辛克莱已经证明，SIRT1可被小分子激活，达到模拟限食的效果，而这为开发具有相同效果的药物开辟了可能性。一种去乙酰化酶激活分子是可在葡萄皮中发现的白藜芦醇，（据称）正是它使得饮用红酒对健康有益。2006年，两个研究团队发现，摄入白藜芦醇的小鼠即便食用高热量食物，也不会增加体重或罹患糖尿病。有些研究者并不认可白藜芦醇和去乙酰化酶“长寿基因”的作用，但限食可以长寿的结论并未受到撼动。

1977年

柯克伍德提出衰老的可抛弃体细胞理论

1982年

发现DNA末端的端粒在不同生物中保护着染色体

2004年

人类双胞胎的调查表明衰老主要受环境影响

身体组织可分为生殖细胞和体细胞。生殖细胞将基因传递给下一代，体细胞则在生物死亡后被抛弃。这成为了汤姆·柯克伍德在1977年提出的“可抛弃体细胞”理论的基础。这个理论将衰老视为演化适合度的两个方面的一个权衡，即在生存（生长、维护和修复体细胞）与繁殖（产生诸如精子和卵子这样的生殖细胞）之间的权衡。柯克伍德的理论认为，由于像食物这样的生态资源是有限的，所以代谢产生的能量也是有限的。因此，生物需要做出经济决策，在生理过程之间合理分配资源：在时世艰难时优先考虑生存，在有额外资源时才考虑奢侈的繁殖。

被编程的寿限 生命的指令都被编码在基因中，那么死亡也是DNA编程的吗？初看上去，情况似乎是这样的。1961年，解剖学家莱昂纳德·海弗利克发现，培养在培养皿中的细胞在分裂约50次后便会停止，这在后来被称为“海弗利克极限”。20世纪80年代，分子生物学家伊丽莎白·布莱克本发现端粒（保护染色体末端的DNA序列）在细胞分裂过程中缩短了，这意味着端粒缩短是细胞“退休”的倒计时器。动物研究还发现与长寿相关的基因。比如在1993年，生物老年学家辛西娅·凯尼恩确定了一种突变，它能使线虫的寿限延长一倍。

但就像许多由基因决定的表型一样，生物学衰老也受环境的影响。雌蜂到底会发育成蜂后还是工蜂取决于它在幼虫期所获得的食物，但蜂后的平均期望寿命为两年，工蜂则仅为数月，尽管它们的DNA没有区别。在人类中，先天和后天的相对贡献可通过比较双胞胎加以度量。双胞胎拥有几乎等同的基因组，但很少在同一年离世：2004年一项针对超过2700对双胞胎的调查发现，遗传因素仅能解释与年龄相关的病损中的20%，剩下80%都来源于环境影响。

分子机制 身体的衰老是由细胞“磨损”（比如线粒体DNA因应激和突变而导致蛋白质折叠错误）的不断积累导致的。比如，呼吸作用产生的“自由基”（具有很强反应性的氧）会从突变的线粒体中泄漏出来，与细胞质中的分子发生反应。尽管维护和修复系统能够帮助阻止细胞的生物学衰老，但随着时间推移，它们的性能会下降。1992 年，亚历山大·比尔克勒测量了 13 种不同哺乳动物细胞中的一种 DNA 修复酶（PARP1）的活性，结果发现酶的活性与一个物种的最高寿限之间的关系：在极端情况下，人类的 PARP1 活性是只能活三四年的大鼠的五倍。

“在生育期后的阶段，自然选择的直接影响已经降为零，而今天人类的主要死因［癌症和心血管疾病］已经是它鞭长所不及。”

——彼得·梅达沃

所以我们为什么会变老？维护和修复细胞需要消耗能量，因而根据“可抛弃体细胞”理论，生物学衰老是在繁殖与生存之间分配资源的一种权衡结果。这帮助解释了为什么限食（食物提供的总热量在实际需要量以下，而蛋白质等必需营养素供给充足）能够延长寿限，因为当食物缺乏时，生存就成为优先事项。这也契合了老年学家琳达·帕特里奇的研究结果，她发现通过胰岛素和“胰岛素样生长因子”传递的信号能够感知营养物质，并调节诸如生长和代谢这样的过程。生物不需要使身体始终保持完美状态，只需要保持足够良好能够生存到生育期即可，而后者决定了它们的生命史：在野外，超过 90% 的小鼠会在出生后一年内死亡，所以三年的寿限已经超出了它们繁殖所需的时间。现如今，现代医学和技术能够保护人类对抗诸如疾病和捕食者等外因，所以我们大多死于内因。而人类忧虑衰老，单纯是因为我们活得足够长久能够体验到它。

寿限是生存与繁殖之间的一种权衡

28 干细胞

在发育初期，动物细胞具有发育成身体的几乎任何一个部分的潜能。期望将这种能力应用于医疗的研究者一度只能局限于胚胎细胞，但后来基于小鼠和青蛙的研究表明，干细胞也可通过重编程特异化的组织而获得。

为什么干细胞如此特别？在发育过程中，一颗受精卵持续分裂，其子代会特异化以适应不同的角色，从携带氧气的血液细胞到保护性的皮肤，不一而足。这个“分化”过程最终产生了人体内的超过200种细胞。第一位将这一过程视觉化的是德国博物学家和艺术家恩斯特·海克尔。1868年，他绘制了一棵“生命之树”，其中树干代表所有生命的祖先——一个单细胞生物，海克尔称之为“干细胞”。1877年，海克尔将这一概念扩展到胚胎学，提出受精卵也是一个干细胞。

分化形成一个树状的层级结构，其中胚胎为树干，特异化的细胞为树叶，干细胞为树枝（但不是细枝）。干细胞研究的发展要在很大程度上感谢其中一支树枝：造血作用，即血细胞的形成。1896年，德国血液学家阿图尔·帕彭海姆将红细胞和白细胞的前身称为“干细胞”。然后在1905年，他绘制出一幅从一个中心前体分化出各种细胞的系谱。干细胞科学的第一个大发现出现在1960年，当时加拿大癌症研究者詹姆斯·蒂尔和欧内斯特·麦卡洛克发现小鼠骨髓中的一些细胞对辐射敏

大事年表

1877年

海克尔提出细胞分化会呈现出一种树状层级结构

1960年

蒂尔和麦卡洛克在骨髓中发现成体干细胞

1962年

格登的青蛙克隆实验证明分化可以逆转

感。1963 年，这两位科学家将这些细胞移植到小鼠脾脏中，结果发现它们在那里分裂产生了血细胞。

潜能 蒂尔和麦卡洛克揭示出干细胞的两个关键特征：它们可以无限分裂，并且具有生成特异化细胞的潜能。一个细胞生成其他类型细胞的潜能取决于它在分化树中的位置。造血干细胞是“专潜能”的，因为这一支树枝可以生成不同的血细胞；受精卵则是“全潜能”的，因为它可以生成整个身体。在大多数哺乳动物中，一个称为胚泡的细胞空腔含有一团“多潜能”的内细胞群细胞，后者在着床后会形成胚胎以及除胎盘之外的所有组织。

血细胞的发育

细胞不断分裂和特异化，形成一个由不同类型细胞构成的家族树。在脊椎动物中，所有血细胞的前体是造血干细胞，由它分出两支：“骨髓”一支包括红细胞和巨噬细胞，“淋巴组织”一支包括在细胞免疫系统中产生抗体的T淋巴细胞和B淋巴细胞。

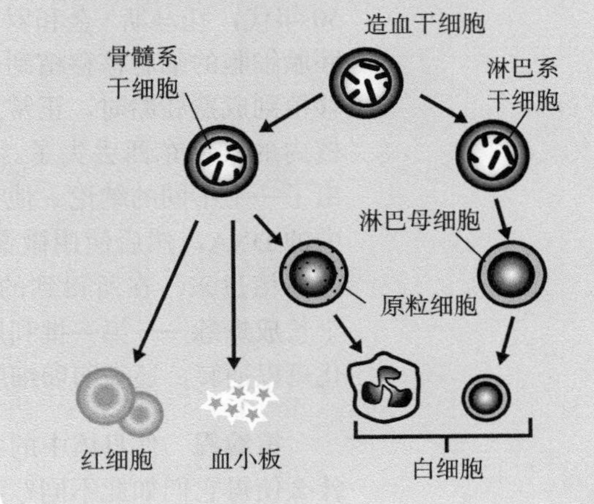

胚胎干细胞首先由英国胚胎学家马丁·埃文斯和马修·考夫曼在 1981 年从小鼠胚泡中分离出来。人类胚胎干细胞则由美国生物学家詹姆斯·汤姆森在 1998 年培育出来。成体干细胞非常罕见（每一万个血细胞中才有一个造血干细胞），并且只是专潜能的。多潜能的胚胎细胞可通过人工授精时废弃的“备用”受精卵相对容易地获得，但这引发了伦理问题，尤其是对于那些相信生命开始于受孕之时（在胚泡形成胚胎之前）的人。

1981 年
埃文斯和考夫曼分离出小鼠的胚胎干细胞并进行培育

1998 年
汤姆森分离出人类胚胎干细胞并进行培育

2006 年
山中伸弥利用分化细胞创造出诱导性多潜能干细胞

“将体细胞的细胞核移植到卵细胞中，会出现一种惊人的重编程效应……使其从特异化的分化细胞恢复为胚胎的干细胞。”

——约翰·格登

克隆 干细胞研究引发的另一个伦理问题是通过生殖性克隆来培育人类。目前世界各国的法律都禁止这类研究，公开的研究都是关于在基因（而非个体）水平上的治疗性克隆。不过，动物的生殖性克隆已经提供了一些重要的洞见。

比如，分化一度被认为是一个单向过程：通往皮肤的树枝上的细胞无法倒车而转向通往血液。20世纪50年代，托马斯·金和罗伯特·布里格斯的系列实验表明，当一只青蛙胚胎细胞的细胞核移植到去核的代孕卵细胞时，胚胎可以正常发育，但移植到成熟胚胎时，正常发育的数量较少。这表明在发育过程中，细胞核内的某种东西丢失了。然而在1962年，英国生物学家约翰·格登得出了一个不同的结论。他在研究非洲爪蟾时利用紫外线破坏代孕卵细胞中的DNA，然后使用微量移液器将来自蟾蜍肠上皮的成熟细胞的细胞核移植过来。在所得到的726个卵细胞中，大多数发育异常，但有10个长成蟾蜍——第一批利用非胚胎细胞克隆出来的动物。这不仅证明分化可以逆转，还表明卵细胞质能够有效地对细胞核进行重编程。

重编程 你身体中的各种细胞拥有实质上相同的一套基因，那么是什么使得它们如此不同？不妨将你的基因组想象成一部计算机的操作系统。由于你需要用它来实现各种不同任务，所以你为它安装了各种专门软件。细胞也是如此，它们含有称为“转录因子”的蛋白质，后者能够结合DNA上的开关，控制基因是否表达。转录因子是一种表观遗传标记，在细胞分裂时会在细胞质中传递，从而将子细胞编程为特定的细胞类型。然而，卵细胞质会从基因组的硬盘中删除软件。

2006年，日本科学家山中伸弥在基因组重编程方面取得了重大突破。之前的研究已经表明干细胞会激活转录因子，所以山中伸弥利用基因工程技术改造小鼠的成纤维细胞（一种特异化的细胞），使得其中的转录因子基因始终是激活的。然后通过逐个移除，他发现四个基因（如

多莉羊

利用约翰·格登在1962年使用过的克隆技术（称为体细胞核移植），英国生物学家基思·坎贝尔和伊恩·威尔穆特培育出了第一只通过成体细胞克隆出来的哺乳动物：多莉羊。1997年，他们向世人公开了这只七个月大的羊羔，它克隆自一只六岁大的母羊。由于细胞来自成年羊的乳腺皮肤细胞，所以研究者以胸部丰满的乡村歌手多莉·帕顿的名字为其命名。多莉羊来之不易，之前经历了数百次的失败尝试，主要是因为很难为细胞重编程。在细胞核移植后，代孕卵细胞的细胞质中的蛋白质需要拨动基因开关，将引入的基因组重编程，使其能够发育成一个胚胎而不是一个成体细胞。坎贝尔和威尔穆特通过电击触发这个过程，而这很有可能并不是重编程的理想之选。

今它们被称为“山中因子”）的组合能够生成与胚胎干细胞在外观、行为和遗传活动上类似的细胞。

山中伸弥的方法涉及诱导，所以这创造出来的是“诱导性多潜能”干细胞（iPS）。研究者还不确定四个山中因子是否是制造iPS细胞的最好选择——在经过一周的分裂后，只有千分之一的细胞成为多潜能的。并且重编程的原理也尚不清楚。与此同时，人们已经开始将胚胎细胞转化为眼细胞，用于治疗一种常见的导致失明的病症：老年性黄斑变性。利用iPS细胞进行的干细胞治疗也已经实现，并且它具有“源于患者，用于患者”的优点，能使出现免疫排斥的风险最小化。用自己的细胞修理自己的身体已经指日可待。

编程基因组以创造出不同细胞

29

受精

精子和卵子的融合堪称“受孕的奇迹”——比如，一百万个人类精子中只有一个能接近卵子。面对这个微乎其微的概率，动物想出了各种策略以帮助两个生殖细胞结合在一起。

当有性生殖将来自不同个体的精子和卵子结合在一起时，两个配子之间往往相隔遥远。为了有机会进入卵子，人类的精子必须游动超过其身长千倍的距离。在动物界中，精子与卵子结合的受精过程都是相似的。1875 年，德国胚胎学家奥斯卡·赫特维希通过观察海胆的雄雌配子的融合，首次描述了这一过程，并提出了众多洞见。

排卵 受精可在体内，也可在体外完成，但不论哪种方式，通常都需要一个液体环境，好让精子游向卵子。对于体外受精的动物，如果雌性能够运动，她可以在特定位置产卵（比如在蛙卵的情形中）；而像珊瑚这样的固着动物会直接将卵产入水中，这些卵要么沉入海底或河床，要么顺着水流散播到远方。体内受精则需要性器官。在哺乳动物中，阴茎将精液射入阴道或子宫，卵子和精子在输卵管中相遇。

雄性配子要比雌性配子小，这也是为什么要精子游向卵子，而不是反过来。在大众文化中，受精常常被描绘为大量精子全都争先恐后

大事年表

1875 年	1912 年	1978 年
赫特维希首次观察到卵子和精子的融合	利利揭示出海胆精子的趋化性	第一例试管婴儿通过爱德华兹和斯特普托的体外受精技术诞生

游向一个卵子，争夺受精机会。但在现实中，单是找到卵子就是精子要克服的一个巨大挑战。比如，在小鼠一次射精射出的五百万个精子中，只有约 20 个能够最终抵达输卵管。

引导精子 在体外受精中，精子利用趋化性（运动趋向某种化学物质的来源）进行导航。这一点最早由美国胚胎学家弗兰克·利利在 1912 年加以描述，当时他将一滴曾接触过未受精卵子的海水加到斑点海胆的精子悬浮液中，结果发现雄性配子在卵提取物周围形成了一个环，表明雌性配子分泌出的某种物质吸引了它们。这种化学物质（呼吸活化肽）最终由药理学家 J. 兰德尔·汉斯伯勒和戴维·加伯斯在 1981 年分离出来。呼吸活化肽能够激活精子细胞膜中的通道，使得离子可以流入流出细胞，而这决定了精子摆动尾巴的频率。2003 年，德国生物物理学家乌尔里希·本杰明·考普发现，精子能够对单个呼吸活化肽分子做出反应，表明它们通过不断计数，计算出想要的行进方向。

哺乳动物的受精过程

雌配子最初以卵母细胞的形式存储在卵巢中，在那里，周围的细胞利用哺育前胚胎的营养物质滋养它们。每个月经周期，促性腺素的激增促使卵母细胞分裂成大小不等的两半：一个大的卵细胞和一个小的极体。然后未受精的卵子会被释放到输卵管中。卵子需要大约 24 小时才能成熟。精子由一个头部和一条尾巴构成，头部包含细胞核以及位于顶端的顶体，尾巴则由位于中段的线粒体驱动。雄配子需要游过阴道和子宫，来到输卵管与卵子相会。

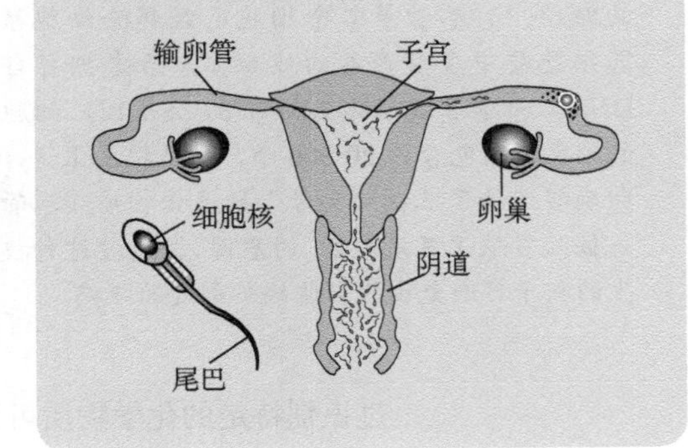

1980 年
杰弗里·布莱尔和保罗·瓦瑟曼在小鼠中识别出透明带糖蛋白

1981 年
汉斯伯勒和加伯斯分离出海胆的趋化分子——呼吸活化肽

2013 年
三木清史和克拉彭揭示出哺乳动物精子的趋流性

三亲婴儿

英国生理学家罗伯特·爱德华兹花费了二十多年时间尝试让人类的精子与卵子在培养皿内实现体外受精。后来他与妇科医生帕特里克·斯特普托合作，后者通过腹腔镜手术从卵巢中提取卵子。两人通过监测自然月经周期确定排卵时间，并到时收集单个卵子，使其受精并植入准妈妈的子宫。1978年7月27日，第一例“试管婴儿”路易丝·布朗诞生了。从那至今，已经有近600万名试管婴儿通过体外受精技术来到这个世界。而在过去三十年里，该领域的最大（也极富争议性的）进展就是所谓“三亲婴儿”。2015年，英国政府批准了一项法律，允许将一名妇女卵子中的细胞核移植到另一个人捐赠的卵子中。尽管第二个细胞已经移除细胞核，但其细胞质中含有产能的线粒体，后者拥有自身的DNA。而尽管线粒体只携带37个基因，细胞核中的染色体则包含约20 000个，但从技术上讲，受精卵确实遗传了三位“父母”的遗传物质（尽管其中一位只贡献了不足0.2%的基因）。通过这种技术出生的孩子可避免由线粒体缺陷引起的疾病。

对于体内受精，至少在哺乳动物中，精子是利用趋流性（运动趋向水流的上游）进行导航的。这由三木清史和戴维·克拉彭在2013年发现，当时他们观察到人类和小鼠的精子就像洄游的鲑鱼一样都在逆流而上。性交刺激了输卵管壁分泌液体，后者将黏液和碎屑冲开，在为精子清理道路的同时，也为它们指引方向。趋流性也在精子之间进行了自然选择，因为只有最强壮的游泳选手才能生存下来。

在体内受精过程中，由于性交之前会进行配偶识别，封闭空间里只含有同一物种的精子，因而精子会径直奔向卵子。而对于体外受精，由于开放区域里还包含其他物种，所以沿着环形轨迹游泳可使找到一个卵子的机会最大化，同时通过识别特定的化学物质可帮助防止精子进入错误的卵子。趋化性也见于体内受精，但只是在短距离内起作用，比如人类精子会被卵子在自身周围释放的孕酮所吸引。

在哺乳动物中，成功进入输卵管的精子会被阻留在输卵管峡部，在雌性控制下每次释放几个。同时，诸如碱性pH值（以及对人类来说，孕酮）之类的适当条件会促使精子成熟，使其获得穿透卵子细胞膜的能力。“获能”的精子变得极度活跃，有力地摆动尾巴，奔向它们的最终目标。

> “从对动物界和植物界的无数观察可知，在正常的受精过程中，只有一个精子能够进入卵子。”
>
> ——奥斯卡·赫特维希

配子融合 在配子融合之前，精子需要穿过三道屏障：胶膜、卵黄被和卵细胞膜。在哺乳动物中，胶膜是一种含有卵丘细胞的弹性基质，在卵细胞成熟过程中提供营养。精子通过使用酶和蛮力突破这个卵丘细胞层。哺乳动物卵细胞的外被称为“透明带”，其中含有各种“透明带糖蛋白”。当一个精子识别出透明带糖蛋白时，其顶端的帽状结构（顶体）就会释放酶，在透明带中开辟出一条道路。顶体反应让精子来到最后的屏障——卵细胞膜。在这里，膜表面的蛋白质会让卵子与一个幸运精子融合。融合会触发卵子发生一个变化：它会释放酶去除透明带糖蛋白，阻止其他精子进入。

在等待受精时，卵子会暂停细胞周期。在受精时，精子会传递一种酶，消除阻断细胞周期的屏障：卵子于是完成分裂，生成含有正常一半染色体数目的雌原核。雌原核与进入卵子的一个精子送来的雄原核融合，形成含有染色体对的细胞核。

受精的最后阶段我们知道得还不是很清楚。精子和卵子是特异化的细胞，它们与其他具有相同 DNA 的细胞的不同之处就在于那些控制基因开关的表观遗传标记。现在这些标记会被抹去以恢复初始状态，但这不包括父母有意添加到配子中的那些。不管这是如何实现的，这个过程产生了一颗受精卵，一个单细胞的合子，而它最终会发育成像你我一样的复杂多细胞生物——另一个奇迹。

动物精子被引导至卵子并融合

30 胚胎发生

英国医生威廉·哈维1651年著作《论动物生成》的卷头插画里写着一句拉丁语，“Ex ovo omnia”——“万物由卵而来”。这个陈述与亚里士多德认为的生命从无生命物质中自发生成的观点截然相反，并促使发育生物学家去研究胚胎是如何生成的。

亚里士多德以古希腊哲学家的身份广为人知，但他也应该被视为第一位生物学家。他在解剖学和胚胎学方面做出了很多贡献，比如弄清了胎盘和脐带在孕期所起的作用，并阐明了动物或是卵生，或是胎生，或是卵胎生（受精卵在体内发育后再出生，常见于鲨鱼和某些爬行动物）。然而，尽管亚里士多德相信动物可由卵发育而来，但他也相信动物可从非生物物质（比如泥土）中自发生成。

从卵到胚胎　在之后的二千多年里，胚胎学进展非常缓慢。然后威廉·哈维（也就是那位证明了血液循环如何运作的英国医生）提出所有动物都由一颗卵发育而来。然而，显微镜的发明在一开始曾把事情搞复杂了：1672 年，意大利生物学家马尔切洛·马尔皮吉描述了鸡胚在多个发育阶段的解剖结构，展示了胚胎和卵黄之间的血管、最终将发育成为肌肉的体细胞，以及一条神经沟（它后来会发育成为神经管，然后成为中枢神经系统）。马尔皮吉于是提出“先成说”，认为精子或

大事年表

约公元前 350 年	1651 年	1817 年
亚里士多德描述了不同动物胚胎的解剖结构	哈维提出“万物由卵而来”	潘德尔描述了胚层及其发育的器官系统

卵子内预先存在的微小个体在受精后生长成为胚胎；与之相对，亚里士多德和哈维则持“后成说”，即一切从头创造。

德国胚胎学家卡斯帕·弗里德里希·沃尔夫也研究鸡胚，并表明其身体结构只是在发育过程中才出现。比如，他观察到肠由平的组织折叠而来，就像纸张卷起两头，形成纸管一样。1767年，沃尔夫总结道：“在综合考虑肠道的这种形成方式后，我相信，几乎可以肯定后成说是正确的。”

从胚层到器官 现代胚胎学由三位朋友共同创立，他们都来自波罗的海地区，前后年龄相差不到一岁，都在德国北部学习：卡尔·恩斯特·冯·贝尔描述了发育过程，马丁·拉特克比对了不同脊椎动物之间的相似结构，而海因茨·克里斯蒂安·潘德尔发现了器官系统起源自不同的胚层。潘德尔花了15个月研究鸡胚，期间他发现动物胚胎有三个“胚层”：外胚层最终会形成表皮和神经，内胚层会形成像消化系统这样的内部结构以及像肺这样的内部器官，而夹在两者之间的中胚层最终会形成血液和骨骼、心脏和

相似结构

19世纪30年代在比对不同的脊椎动物时，德国胚胎学家马丁·拉特克描述了鳃弓，它会发育成鱼类的鳃的一部分，或者哺乳类的下巴和耳朵。使用演化术语来说，鳃和耳朵因而是“同源”的，因为它们都源自一个共同的前体。同源性的最著名例子是四足动物的前肢——灵长类的手臂、海豚的鳍肢、鸟类的翅膀，如此等等。另一方面，相似结构也可以是“同功”的，因为它们并不是从一个共同的前体结构发育而来，就像鸟类、蝙蝠和翼龙的翅膀。鸟类挥动它们的“手臂”，蝙蝠扇动它们的“手指”，而已灭绝的翼龙使用的是从身体延展到超长的第四个手指的翼膜。昆虫的翅膀则与腿脚或胳膊无关。解剖结构可能会因为基因之间复杂的相互作用而看上去大不相同，但很多基因会在演化过程中变化相对较少——通过在另一个物种的基因组中搜寻一个物种的DNA序列，就有可能找出不同物种中的同源基因。在发育的某些方面，比如身体形态，来自亲缘关系很远的物种的基因甚至可以互相置换，而不会产生明显的效果。

1828年
提出关于脊椎动物结构发育的冯·贝尔定律

1832年
拉特克描述了不同动物中的相似结构

1940年
罗尔斯描述了神经细胞的迁移和命运

“我有两个忘了贴标签的保存在乙醇中的小胚胎。现在我无法确定它们的种属。它们可能是蜥蜴、小鸟，或甚至哺乳动物。”

——卡尔·恩斯特·冯·贝尔

肾脏、性腺和结缔组织。诸如海绵和水母这样的简单生物则是双胚层的（没有中胚层）。1817年，潘德尔发现了这三个胚层，并提出它们是相互依存的，一个胚层会诱导另一个胚层分化。这个诱导原理成为形态学（参见第31章）和干细胞特异化过程的基础。

冯·贝尔也研究了鸡胚的发育，并发现了脊索（它会诱导邻近的外胚层形成神经管和脊柱）。1828年，他描述了区分脊椎动物胚胎的困难性，提出了后来称为的“冯·贝尔定律”：首先，不同脊椎动物的早期胚胎的一般性特征看上去都非常相似；其次，特异化特征是从一般性特征发育而来的（所以羽毛、毛发和鳞片都源自皮肤）；再次，一个物种的胚胎不会经历另一个物种的发育阶段；最后，一种高等动物的胚胎从来不会像另一种低等动物，而只会像它的胚胎。它们驳斥了因博物学家恩斯特·海克尔而广为人知的不正确的“重演律”，即一个物种的发育过程会重演其演化史。

绘制迁移 在19世纪末，生物由细胞构成的理论已被普遍接受，而生物学家很快开始研究卵子是如何发育成为多细胞身体的。美国生物学家埃德温·康克林曾跟踪一种海鞘中细胞的命运，因为其组织含有不同的色素，但其他生物必须使用染料染色或进行放射性标记才行。这项工作的目标是为每个物种绘制一张“细胞命运图”，标出成体或幼虫的结构分别起源于哪些胚胎区域。在胚胎发生期间，某些细胞会在身体内迁移。比如美国动物学家玛丽·罗尔斯在1940年表明，神经嵴中的细胞后来会迁移进入表皮。最终发育成为精子或卵子的原始生殖细胞也是从卵黄囊迁移到性腺的，而造血干细胞最终会进入肝脏和骨髓。

卵裂 受精卵分裂产生多细胞的过程开始于一条分配卵黄的轴线：卵黄较少的一端是“动物极”，卵黄较多的一端是“植物极”。卵裂由奥斯

早期胚胎

右图是哺乳动物和海胆胚胎的早期发育过程。“桑葚胚”是受精卵（合子）卵裂后生成的任意一个细胞实心球的总称，其中的细胞最多可达到十多个。“囊胚”是一个空心球体，通常包含数百个细胞（在胎盘哺乳动物中，还包含构成胚胎的“内细胞群”）。“原肠胚”有两三个最终会发育成为器官系统的“胚层”，并且从这里，动物会发育出其身体形态。

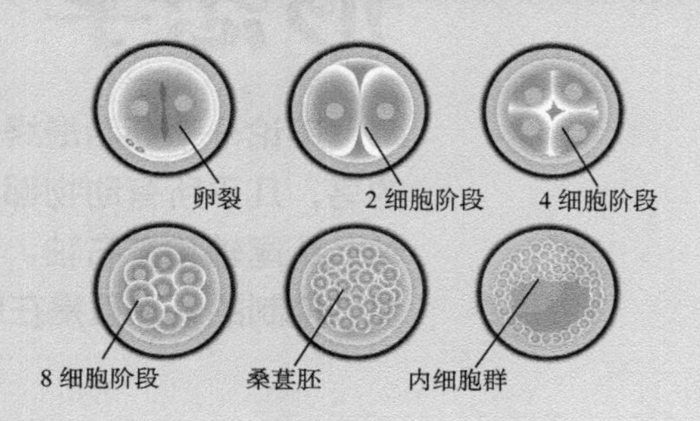

卡·赫特维希在 19 世纪末研究海胆细胞时首次观察到。然而，直到 1984 年，马克·基施纳才确定触发卵裂的分子为“促成熟因子”（MPF），它让细胞在 DNA 复制和有丝分裂之间快速切换。卵裂的速度比任何其他类型的细胞分裂都要快。比如，一个果蝇胚胎可以在 12 小时内生长出 50 000 个细胞。直到 16 细胞阶段，胚胎都是实心的，这时称为“桑葚胚”，之后会出现一个中心空腔，形成一个空心球体，即所谓“囊胚”。

再然后是原肠胚形成，这时会出现三个胚层（外胚层、中胚层和内胚层），并引起胚胎的物理变化。比如在海胆中，其内胚层向内折叠，中胚层细胞朝球体中心迁移。这些过程涉及相邻细胞之间的协调生长和运动，是胚胎发生的重要阶段。借用发育生物学家刘易斯·沃尔珀特的说法：“不是出生、结婚或死亡，而是原肠胚形成，才是你一生中真正最重要的时刻。”

受精卵经由胚层发育成为多细胞生物

31 形态学

不论一个胚胎最终是发育成为手脚全无的虫，还是手化双翅的鸟，几乎所有动物都具有相同的基本形式，拥有三条轴：背腹轴、头尾轴和左右轴。这种基本结构是通过一个通用“遗传工具包”控制的，并且是在胚胎发生的形态发生过程中确定的。

发育生物学家经常根据基因突变的效果进行命名，这也是为什么让果蝇幼虫长出鬃毛的蛋白质当初会被命名为“刺猬”。20 世纪 90 年代初，当哈佛大学的科学家在脊椎动物中发现类似的刺猬蛋白时，他们以不同种类的刺猬为它们命名。但鲍勃·里德尔想为他的分子起个更酷的绰号，所以他说服了他的老板克利夫·塔宾，用一个从他女儿杂志上看到的新的视频游戏角色为其命名：刺猬索尼克。

刺猬索尼克蛋白是一种形态发生素（一种指导细胞改变行为的信号分子）。发育还通过细胞与细胞的直接接触来控制，这也是 Notch 受体传递信号的方式。这两种方式决定了邻近细胞的命运，提供了三维空间中沿着每条轴的细胞身份和位置的信息。

背腹　细胞能够决定其邻居命运的第一个证据来自于对背腹轴的研究。1921 年，德国胚胎学家希尔德·曼戈尔德从一种蝾螈胚胎的“背唇”中取出组织，移植到另一种蝾螈胚胎的腹部一侧。由于两种蝾螈的

大事年表

1924 年	1948 年	1978 年
施佩曼和曼戈尔德确定了蝾螈中背腹轴的组织者	桑德斯发现鸡胚翼芽中近远轴的组织者	刘易斯发现决定前后体节次序的 Hox 基因

神经系统的组织者

刺猬索尼克蛋白和BMP4都是形态发生素，能够提供信号，决定细胞命运和身体形态。在脊椎动物胚胎的原肠胚形成阶段后，脊索（下方的灰色椭圆）充当组织者，释放刺猬索尼克蛋白（Shh），形成一个沿着背腹轴的分子梯度，同时另一侧的外胚层会释放BMP4，从另一个方向创建一个梯度。这些形态发生素梯度（中间的灰色渐变）会刺激神经管中的神经元基于与形态发生素源的距离而特异化为不同类型的细胞（神经胚形成）。

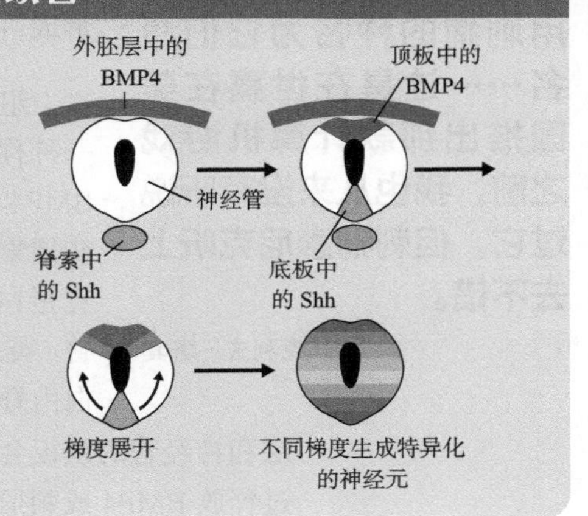

细胞颜色不同，曼戈尔德可以跟踪各自在原肠胚形成（参见第30章）阶段的发育过程。移植而来的组织看上去在“组织”外胚层的外层细胞：本应成为表皮的细胞变成了神经组织，并且第二个背腹轴出现了，导致最终形成了一对面对面而生的双胞胎蝌蚪。1924年，在研究成果发表后不久，曼戈尔德不幸遭受意外身亡。她的导师汉斯·施佩曼继续了这项工作，并因“组织者效应”而获得诺贝尔奖。

在之后的半个多世纪里，生物学家一直认为“施佩曼组织者”释放了一个促使神经组织发育的信号。但在1989年，霍斯特·格伦茨和洛塔尔·塔克表明，当爪蛙的外胚层被分割成细胞后，表皮只有在这些细胞在一小时内重新聚集时才能形成——超出了这个时间，它们就会变成

1980年
尼斯莱因-福尔哈德和威绍斯描述了果蝇的体节突变

1993年
哈佛大学研究者从多种脊椎动物中分离出刺猬索尼克基因

1998年
日本科学家发现决定左右轴的Lefty-1蛋白

“我原来的想法是用刺猬的种名为它们命名……这是在世嘉在美国推出那款计算机游戏之前，我也从来没有听说过它，但刺猬索尼克听上去不错。”

——克利夫·塔宾

神经组织。因此，施佩曼组织者其实不是在促进“神经胚形成”，而是在阻止细胞遵从其默认命运。

组织者释放的一个关键分子在 1996 年被发现，这是一种称为“骨形态发生蛋白 4”（BMP4）的生长因子。像 BMP4 这样的形态发生素是抑制变化的“抑制物”，而像刺猬索尼克蛋白这样的“诱导物”则促进发育。刺猬索尼克蛋白还会帮助确定中枢神经系统的背腹轴极性。菲利普·英厄姆在 1993 年表明，在斑马鱼中，刺猬索尼克蛋白由脊索和神经管的底板分泌。而在相对的另一侧，外胚层和神经管的顶板会分泌 BMP4。外胚层和脊索的组织者效应（分别通过释放 BMP4 或刺猬索尼克蛋白而产生）表明，一个细胞的命运取决于它与形态发生素源的距离。1969 年，英国发育生物学家刘易斯·沃尔珀特提出，形态发生素会在组织中生成一个化学梯度，形成界定细胞身份的边界。由 BMP4 和刺猬索尼克蛋白决定的背腹“神经胚形成”就是一个例子。

头尾　产生果蝇头尾轴的形态发生素 Bicoid 由克里斯蒂安娜·尼斯莱因 - 福尔哈德和埃里克·威绍斯在 1980 年发现，一同发现的还有十多个其他基因，包括原版的刺猬蛋白基因。果蝇在发育生物学中也居功至伟：1915 年，摩根在“蝇室”的学生卡尔文·布里奇斯发现了双胸基因。突变后，这个“基因”会使果蝇胸节上的特征加倍。1978 年，美国遗传学家爱德华·刘易斯发现，双胸基因实际上是一个基因簇，并且突变发生的位置与它所影响的身体位置相匹配。他据此推断，果蝇每个体节的身份由基因簇中基因被激活的次序决定——作为对于头尾轴上的形态发生素梯度的响应。1984 年，瓦尔特·格林和马修·斯科特领导的团队发现，双胸基因簇和另一个基因簇都包含一段称为“同源异形框”（Hox）的遗传序列，这类基因编码的蛋白质能与 DNA 相结合。所以

Hox 蛋白可通过切换 DNA 开关控制发育过程。1989 年，生物学家发现 Hox 基因广泛存在于从青蛙和鱼到小鼠和人类的生物当中。

左右 从外部看，大多数动物是左右对称的，但这种对称性并不适用于内脏——你的心脏便是一个例子。如果人体器官的位置发生反转，这会导致一种罕见状况，即“内脏反位”，每 25 000 人中至少有 1 人会受此影响。1995 年，遗传学家克利夫·塔宾，也就是分离出刺猬索尼克蛋白的哈佛大学实验室的老板，注意到在鸡胚中，蛋白质合成在一个“原结”的左侧出现了短暂的不对称。在观察到一种称为 Nodal 的蛋白质在左侧合成后，塔宾的团队迫使细胞在右侧合成刺猬索尼克蛋白，结果有时心脏位置会发生反转。

左右决定因子（Lefty）基因由日本生物学家目野主税在 1996 年发现，并在后来被揭示出它包括 Lefty-1 和 Lefty-2 两个元件。其中 Lefty-1 会帮助细胞维持“右侧”身份，阻止 Nodal 穿过小鼠胚胎的中线给细胞发出“左侧”信号。1998 年，广川信隆及其同事找到了这种左右不对称性的终极原因，表明原结处细胞具有朝左（逆时针）旋转的纤毛。

近远

四肢从胚胎的外胚层沿近远轴朝外生长。1948 年，美国生物学家约翰·桑德斯在鸡胚翼芽的顶端发现了一个组织者，并表明移除这个顶端（外胚层顶嵴，AER）会导致翅膀发育中断。外胚层顶嵴还能够组织其他胚层：1957 年，桑德斯表明，本应成为大腿的中胚层在被移植到外胚层顶嵴上后，结果发育成了足部结构。桑德斯还在翼芽的后部发现了一个组织者，而将其移植到另一个翼芽的前部后，正常的三个手指变成了六个，并且它们互为镜像。1975 年，刘易斯·沃尔珀特提出，这类极化活性区（ZPA）会释放形态发生素。然后在 1993 年，鲍勃·里德尔和克利夫·塔宾揭示出这种分子的真面目。当然，它就是刺猬索尼克蛋白。

分子梯度决定细胞身份和位置

32 动物着色

从身着黑白条纹的斑马到会变色的变色龙，动物呈现出令人眼花缭乱的种种视觉模式。这种着色生成了动物生存和繁殖所必需的一些特征，比如用于欺骗捕食者或猎物的伪装，以及吸引配偶的“性感”信号。那么身体是如何制造出这些花纹呢？

体色源于自然选择：非常常见的均匀的体色是对周围环境的一种适应（比如避免阳光灼伤或者帮助吸收热量），而花纹的演化则由生物相互作用所驱动。作为唯一有眼睛的生物，动物是大自然的视觉表演秀的目标观众，而这些表演秀有两个目的：隐态（伪装以及其他使个体更显眼或更不显眼的生态策略），或者通信（发出诚实的信号，比如箭毒蛙的警戒色，或者欺骗性信号，比如拟态）。正如达尔文在 1871 年的《人类的由来及性选择》一书中所讨论的，丰富多彩的信号使得雌性能够选择配偶。

色素色和结构色　哺乳动物的体色是各种深浅的灰色或棕色，因为它们只能利用皮肤和毛发中的一种色素（黑色素）制造变化。色素被包含在“载色素细胞”的囊泡中，而这些特异化的细胞通过囊泡的分配制造出颜色和深浅。其他脊椎动物可通过不同来源获得色素，比如食物中黄色和红色的类胡萝卜素分子——火烈鸟的粉红色就是这样来的。鸟类和哺乳类具有一种类型的色素细胞（“载黑素细胞”），而鱼类则具有多种。

大事年表

1665 年	1871 年	1973 年
胡克观察到孔雀羽毛的微观结构	达尔文描述了自然选择如何造成两性的体色差异	梅辛杰通过实验证明章鱼的色盲伪装

颜色由物体反射入眼的光线的波长决定。孔雀尾羽上的棕底蓝眼“眼斑”其实只含有一种色素，但羽毛上的一种结构能够反射光线，使之发生干涉，从而制造出两种颜色。1665年，英国学者罗伯特·胡克在《显微图谱》一书中首次报告了这个物理效应，他观察到孔雀羽毛具有类似珍珠母贝壳的小薄板。结构色还制造出了鱼的银蓝色：其虹色细胞的细胞膜包含由鸟嘌呤（DNA的一个化学字母）结晶构成的反射小板。事实上，从蝴蝶翅膀到鸟类羽毛，几乎所有的蓝色和虹色，都是通过微米或纳米结构反射光线实现的。

“雄性几乎总是求偶者……有着最绚丽、最醒目的颜色，并经常排列出优美的花纹，而雌性则不饰装扮。”

——查尔斯·达尔文

花纹 背腹反阴影（即背部比腹部颜色深）是一种简单但有效的花纹，能为动物（比如鱼类和鸟类）提供基本的伪装。这种简单花纹能抵消光线造成的上浅下深的阴影效果，从而能更好地融入环境，更不容易为捕食者发现。1994年，以理查德·沃亚切克、威廉·威尔金森和罗杰·科恩为首的美国研究团队发现，反阴影的发育由激素控制，比如哺乳类的“野灰色信号肽”。

复杂花纹又是怎样制造出来呢？载色素细胞起源于神经嵴（位于神经管两侧的胚胎干细胞，会发育成头部和周围神经系统的一部分）。随着生物发育成为成体，其载色素细胞分裂并迁移，制造出不同的深浅和花纹。斑马鱼是脊椎动物中这方面研究的模式生物，研究者已经确定了超过100个影响花纹形成的基因。比如在2003年，德国生物学家克里斯蒂安娜·尼斯莱因-福尔哈德表明，其“豹纹”基因的突变会改变不同载色素细胞的相互作用，导致斑马鱼发育出斑纹而非条纹。这也帮助

1994年

控制哺乳动物中黑色素聚集的激素被发现

2003年

尼斯莱因-福尔哈德发现动物花纹受载色素细胞相互作用的影响

2015年

米林科维奇发现变色龙使用皮肤中的晶体变色

解释了豹的斑纹是如何形成的。

动态变化 尽管变色龙可通过变色进行伪装，但它们这样做的主要目的还是通信。类似地，蜥蜴会在受到刺激时从绿色变成红色。在许多能够进行颜色动态变化的动物中，原本认为这是由生理性颜色变化控制的，即利用激素向载色素细胞发出信号，使之分散或聚集细胞内含色素的囊泡，从而改变颜色深浅。但在 2015 年，生物学家米歇尔·米林科维奇揭示出，豹纹变色龙是通过皮肤中一层虹色细胞内的晶体实现变色的。这些“光子纳米晶体”由鸟嘌呤结晶而成，就如同鱼鳞中的反射叠层。变色龙可通过“微调”晶格中原子的间距来调整反射光。除了用于伪装和求偶展示，这也可能用于调节体温。

体色变化的大师还不是变色龙，而是像章鱼、墨鱼和枪乌贼这样的头足类。一个复杂的神经系统以及双眼使头足类能够快速评估所面对的视觉场景，并利用明暗花纹破坏自身可识别的轮廓和形状，从而让自己融入背景。不像脊椎动物，头足类的载色素细胞并不是真正的细胞，而是器官：一种由运动神经元控制的、包含色素和肌肉的弹性囊。所以它们不是依赖激素相对较慢的作用，而是通过脑直接控制，从而能够快速改变颜色。普通章鱼能够在两秒内从完全伪装状态转变为可见状态。

生物发光和荧光

尽管大多数生物的体色取决于反射光，但有些还是能够自己发光。这种光来源自化学反应：荧光素与氧结合后会发光，水母蛋白则可被钙离子激活发光。生物发光在无脊椎动物中尤其常见，起着与花纹相同的作用，用于隐态或通信：比如，一种放光虫通过发光警告捕食者自己有毒，成年萤火虫通过发光吸引配偶，而萤火鱿则通过发光进行伪装（类似于反阴影）。还有一种发光动物为分子生物学提供了一种有用工具：绿色荧光蛋白（GFP）。像其他荧光分子一样，绿色荧光蛋白受光（包括水母蛋白发出的光）会被激活。这两种分子由日本科学家下村修在 1961 年从水母中纯化出来。1992 年，道格拉斯·普拉舍分离出了绿色荧光蛋白基因，并提出可将其用作标记遗传活动的指示剂：将其插入到想要研究的基因旁边，然后根据 GFP 的发光情况，你就可以判断两个基因是否已被表达。两年后，另一位美国生物学家马丁·查尔菲在线虫上验证了这一点。钱永健后来创造出了其他颜色，揭开了一场探索生物过程的彩虹革命的大幕。

斑纹和条纹

斑马鱼在正常情况下长有四五条与身体等长的蓝色和黄色条纹。发育生物学家已经确定了大约 20 个基因，它们在突变后会产生不同花纹，但不影响其生存。这些基因会影响色素和载色素细胞的形成，或者这些细胞之间的相互作用。比如，“豹纹”基因的突变会影响细胞之间的相互作用，产生豹纹斑马鱼。

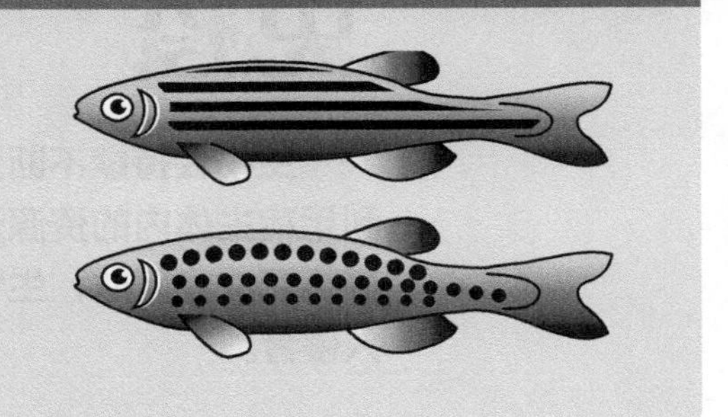

有趣的是，尽管融入背景需要首先能够看到它，但大多数头足类实际上是色盲。这一点由英国动物学家约翰·梅辛杰在 1973 年证明，他训练出的章鱼可区分亮度，但不能区分色相（颜色）。2005 年，生物学家莉迪娅·马思格尔和罗杰·汉隆将普通墨鱼放在绿灰或黄蓝跳棋棋盘上。这些颜色都在墨鱼视觉色素的感光范围之内，但它不为所动，回应以均匀的体色，就仿佛背景是均匀划一的。不过，尽管只能进行色盲伪装，头足类仍然能够骗过其他动物。

动物花纹并不像它看上去那么简单

33 免疫

生物会持续不断受到病原体和寄生物的侵袭，后者的目的是利用宿主体内的资源进行繁殖，而这会造成感染，导致宿主患病甚至死亡。因此，生物发展出了各种强大的防御体系来抵抗陌生入侵者。

生物抵抗感染的能力最早被古希腊历史学家修昔底德观察到，他指出在公元前430年的雅典大瘟疫中幸存下来的人不会再受到这种疾病的侵扰。免疫学在1796年成为一门科学，当时英国医生爱德华·詹纳发现感染过牛痘病毒的人可对天花产生抵抗力。在接下来的两个世纪中，研究者揭示出大多数生物具有一套由两个分支构成的免疫系统，即先天性免疫和适应性免疫。

先天性免疫　物理屏障是生物抵抗入侵者的第一道天然防线。微生物具有细胞壁，多细胞生物则外覆大体上难以突破的保护层，比如植物的角质层、昆虫的外骨骼或者脊椎动物的皮肤。脆弱区域则会分泌黏液以拦住潜在的入侵者，其范围可以是整个身体表面，比如两栖类的整个身子都是黏糊糊的，也可以只是暴露的薄弱环节，比如你鼻孔流鼻涕。黏液包含诸如“防御素”之类的保护性分子，这种小蛋白质可在入侵者的细胞膜上钻孔，导致其细胞出现渗漏。因此，大多数病原体都无法侵入体内。

大事年表

1796年

詹纳通过疫苗接种生成对于天花病毒的获得性免疫

1882年

梅奇尼科夫观察到吞噬陌生物质的吞噬细胞

1895年

博尔代从血液中分离出由抗微生物蛋白质构成的补体系统

然而，成功侵入体内的入侵者还必须避开宿主的一个监控系统，这个系统可通过监控微生物特有的分子来感知入侵者。比如，一种含糖复合物脂多糖是细菌细胞壁特有的分子，并且这些“病原体相关分子模式”（PAMP）会匹配宿主细胞表面的受体。在动物中，PAMP 可被补体系统侦测到，该系统由比利时微生物学家朱尔·博尔代在 1895 年发现。补体是一些存在于循环系统中的蛋白质，它们可以结合形成一个“攻膜复合物”，像防御素那样导致入侵者裂解，或者粘在 PAMP 上，给它打上死亡标记。1882 年，俄国生物学家伊利亚·梅奇尼科夫观察到，陌生物质会被吞噬细胞包围并吞噬。这些免疫细胞会吞噬任何被 PAMP、补体蛋白质或抗体包被的东西，然后利用酸、酶和自由基将它们消化。

HIV

逆转录病毒尤其危险，因为它们能够快速复制，演化速度比宿主快上一千倍。其中最知名的是人类免疫缺陷病毒（HIV）。HIV 病毒结构由内而外分别是两条 RNA 链、由蛋白质构成的半锥形衣壳，以及由磷脂构成的球形包膜。包膜上嵌有约 70 个 HIV 蛋白（糖蛋白复合物），它们使得病毒可以附着和侵入白细胞，并在白细胞内复制。而这些保护人体免受病原体侵扰的细胞遭受破坏，就会引起获得性免疫缺陷综合征（艾滋病，AIDS）。自 20 世纪 80 年代初首次出现以来，HIV/AIDS 已经在全世界流行，全球约有 3400 万人被感染。

免疫细胞有时还充当保安，在循环系统中巡逻，核查细胞的身份证，也就是细胞表面的一系列分子，因为病毒和其他细胞内寄生物经常会产生泄露其踪迹的可疑分子。在脊椎动物中，体内分子在细胞表面上经受检查是通过主要组织相容性复合物（MHC）蛋白完成的。这些蛋白结合分子的能力各异，所以个体的 MHC 基因会影响到它对于特定病原体的天然免疫力。当一个入侵者被侦测到时，免疫细胞和受感染细胞都会释放

1957 年

伯内特提出获得性免疫的克隆选择学说

1974 年

利根川进表明抗体多样性由高频突变引起

1998 年

法尔和梅洛揭示出对于病毒遗传物质的 RNA 干扰

同种移植物、过敏和自身免疫

描述免疫常常会用到朋友和敌人、“自身”和“非自身”这样的说法。但这忽略了来自内部的威胁（癌细胞就来自自身，但它绝非朋友），所以更好的说法是陌生和熟悉：陌生抗原包括病毒 RNA 以及先天性免疫系统能够识别的“病原体相关分子模式”，而抗原会经由“免疫耐受”而变得熟悉。免疫耐受是免疫系统区分自身与非自身的背后原理，它在发育过程早期自然产生，训练身体的防御系统不对自身抗原做出应答。如果它不起作用，身体就会攻击自身，导致自身免疫性疾病。如果免疫系统未被训练成忽视一些无害物质，比如花粉或者像花生蛋白这样的食物过敏原，身体就会出现过敏。免疫耐受性也可通过人工方式获得，使得身体会接纳来自同一物种的组织（同种移植物）。这一点由英国生物学家彼得·梅达沃在 1953 年加以证实：当小鼠胎儿或新生小鼠被注射了来自另一个个体的细胞后，它们以后就会接受来自同一供体的移植物。这有助于防止组织和器官移植时的排斥反应。

化学信号，拉响表示身体受到攻击的警报，从而召集更多兵力前往感染部位。这些细胞还会告诉附近的血管扩张以方便大军进入，而防御力量的聚集引起了我们看到的炎症的红肿。

病毒会感染所有形式的细胞生命，所以所有生物都有专门的抗病毒防御机制。细菌和古细菌会使用“限制酶”，在可识别的序列上切割病毒的遗传物质。细胞具有双链 DNA 构成的基因组，并产生单链 RNA 转录分子，所以许多病毒在复制基因组时产生的长的双链 RNA（dsRNA）就成为病毒感染的一个标志。1998 年，美国生物学家安德鲁·法尔和克雷格·梅洛表明，线虫特异性地切割了 dsRNA。在其他物种上进行的研究进一步表明，dsRNA 被诸如 Slicer 和 Dicer 之类的酶切割，然后被“RNA 诱导沉默复合物”所处理。许多动植物都使用这种 RNA 干扰过程，但脊椎动物是产生“干扰素”，通过这种信号分子召集免疫细胞以及告诉邻近细胞减缓代谢活动，从而破坏病毒的复制过程。

适应性免疫 在生物的一生中，其免疫系统会通过识别和记住入侵者不断加以适应。2005 年，微生物学家发现，细菌和古细菌会将病毒的遗传物质存储在自己的 DNA 中：Cas 酶会切割病毒基因组，然后将其片段粘贴到宿主的基因组中，构成“CRISPR”序列。这些序列就成了宿主对于病毒入侵者的遗传记忆，如果这种病毒再次入侵，便可以此为模板锁定和切断相匹配基因。原核生物一度被认为太过简单而不具有“免疫记忆”，但随着 CRISPR/Cas 系统的发现，有可能所有生命都存在某种适应性免疫。

“使得牛痘如此与众不同的地方在于，这样感染过牛痘的人此后永不受天花感染。”

——爱德华·詹纳

哺乳动物具有最精密的适应性免疫系统，而这要感谢能够不断适应以匹配陌生抗原的抗体。这种蛋白质由在血液和淋巴系统中巡逻的两种免疫细胞生成：T 细胞将其作为表面受体，B 细胞则将其释放到循环系统中。抗体通过一个类似达尔文演化的过程不断适应抗原。1974 年，日本生物学家利根川进发现，抗体的部分基因发生了混合和匹配，就像生成精子或卵子时发生的染色体交换。并且当一个 B 细胞遇到一个外来抗原时，它会快速分裂，从而在 DNA 复制过程中引入错误。这两个过程（体细胞重组和高频突变）创造出了丰富多样的抗体蛋白。然后，正如澳大利亚病毒学家弗兰克·麦克法兰·伯内特在 1957 年提出的，免疫细胞会经过一次类似自然选择的筛选：其中的适者（其抗体与抗原相匹配）得以生存和繁殖，最终在数量上压过病原体。抗体可使病原体失去侵入性，还会标记入侵者以便先天性免疫系统侦测到它们。一旦入侵者被击败，少量 B 细胞将作为“记忆细胞”继续在血液中循环。适应性免疫可能需要数天或数周时间形成，但之后就可以提供长期保护。免疫也可通过人工方式获得。现代疫苗含有减毒或灭活的病原体或者其抗原，从而训练适应性免疫系统形成对于感染性病原体也有效的抗体。

对于陌生入侵者的先天性或适应性防御系统

34 体内稳态

为了生存，生物需要维持体内各条件的相对稳定，而这是通过体内稳态实现的。借此，生物得以持续不断地补偿外部世界的种种变化，以免其损害到内环境。

在二千多年的时间里，西方医学的基础一直是体液概念：血液、黏液、黄胆汁和黑胆汁，这四种体液的失衡被认为是疾病的根源。这个思想最早由伟大的古希腊医师希波克拉底（约公元前 460 年—约公元前 370 年）倡导，后者认为导致疾病的是自然原因，而非超自然原因。到了 19 世纪，随着免疫学的发展，体液学说日见式微，科学家转而开始辩论疾病主要是由病菌导致的，还是对威胁做出免疫应答的身体才是关键。加拿大医生威廉·奥斯勒将之类比为“种子和土壤”：种子四下飘散，只有落到合适的土壤中才能生根发芽。疾病生源说的创立者路易·巴斯德站在种子一边，而他的同胞、生理学家克劳德·贝尔纳站在土壤一边。根据传说，巴斯德最终让步了：“贝尔纳是对的。细菌算什么，土壤才是一切。”

贝尔纳发现了“土壤”响应变化的几种途径。基于他主要在哺乳动物身上所做的一系列实验，贝尔纳形成了“内环境”（即沐浴和滋养着细胞的液体）的概念。1876 年左右，他提出了一个更为深刻的见解：

大事年表

1876 年	1894 年	1929 年
贝尔纳提出生理过程会维持内环境稳定	乔治·奥利弗和爱德华·舍费尔发现“或战或逃”激素肾上腺素	坎农提出“体内稳态”的说法，并将其描述为一个负反馈系统

动植物通过持续不断地补偿外部变化的生理机制来维持其内环境的稳定。1929 年，美国生理学家沃尔特·坎农将这称为“体内稳态”。

负反馈 坎农在 20 世纪初所做的研究进一步扩展了贝尔纳的理论。他提出，生物会努力将内环境中的各“变量”维持在一个理想值附近，比如人体核心温度为 37ºC：“系统内的自动调节会起作用，从而阻止大幅的波动，使内部条件维持相当稳定。”现如今，我们或许可以将这些自动调节称为负反馈回路。

“所有的核心机能……都有一个目的，那就是维持内环境中的生命条件的健康。”

——克劳德·贝尔纳

体内稳态将身体视为一部机器，一个控制论系统。每个生理变量由一个“稳态调节器”所调节，它的工作原理就类似于通过负反馈工作的家用恒温器：当房间冷时，恒温器会启动加热系统；在房间变暖后，它就关闭加热系统（或许甚至启动空调降温）。在哺乳动物中，体温升高会引起出汗，以及将血液导向皮肤，以帮助散热；而体温下降会引起发抖，以通过肌肉活动产生热量，以及收缩表面血管，以使血液流回内脏。类似的负反馈回路控制着其他变量，为身体应对外部的剧烈波动提供缓冲。

应激 “应激”（stress）都怪汉斯·谢耶。1936 年，这位匈牙利裔加拿大生理学家发表了他的一些实验，其中他让大鼠接触各种“有害因素”，包括受冻、运动过度和注射甲醛。结果不论应激源是什么，大鼠都出现了同样的病理症状：肾上腺肥大、免疫组织萎缩和胃肠溃疡。谢耶用“应激”一词来描述这种应答，将这个原本表示一种导致应变或形

1936 年

谢耶提出不同的应激源会引发相同的应激应答

1988 年

斯特林和埃耶提出生物通过应变稳态适应外部应激

1998 年

戈德斯坦及其同事表明并不存在单一的应激应答

应激轴

在面对一个紧急状况时，生物会优先考虑短期生存。在脊椎动物中，这时脑会激活下丘脑–垂体–肾上腺轴（HPA 轴）。这个负反馈系统包含三个内分泌腺（负责分泌激素）：位于脑干上方的下丘脑和垂体，以及位于肾脏上方（鱼类和两栖类则位于两肾之间）的肾上腺。在接触到应激源后，交感神经系统会触发肾上腺紧急释放儿茶酚胺类激素（肾上腺素和去甲肾上腺素），使身体进入所谓“或战或逃”模式，并让肌肉和代谢准备好随时行动。然后下丘脑会分泌促肾上腺皮质激素释放因子（CRH），这种神经递质会促使垂体释放促肾上腺皮质激素（ACTH），后者会在血液中循环，并促使肾上腺生成糖皮质激素（GC）——在鱼类、两栖类和哺乳类中是皮质醇，在鸟类和爬行类中是皮质酮。血液中糖皮质激素的激增（作为一个急性应激应答的标志），会在半小时内达到峰值，从而改变一个生物的生理和行为，使得它能够处理或逃离一个应激性状况。而随着脑侦测到糖皮质激素，负反馈回路就会起作用，关闭 HPA 轴，使生物逐渐平复下来，回到紧急状况之前的状态。

变的物理力的用语，重新定义为一种抵抗变化、使身体有效恢复到体内稳态的生物力。

谢耶将这种应答称为“一般适应综合征”，并提出它分为三个阶段：最初的“警觉阶段”、进行适应的“抵抗阶段”，以及可导致死亡的“衰竭阶段”。现在，这已被整合进现代的下丘脑–垂体–肾上腺轴（HPA 轴）理论当中。

1976 年，谢耶将应激定义为“身体对于不同需求的非特异性应答”。“非特异性”是指在他的实验中体现出来的，大鼠对于不同应激源表现出相同症状。这引出了“应激综合征”的概念，但就像“肾上腺素冲击”一样，它已经过时。比如在 1998 年，戴维·戈德斯坦及其同事重新验证了谢耶的理论，对大鼠施加各种应激源，比如冷和甲醛，结果发现 HPA 轴表现出不同的激素水平。所以不同应激源会引起各具标志性生理特征的不同应答，而不是单一的、非特异性的“应激应答”。

应变稳态 人体的骨骼肌在休息时每分钟消耗约 1 升氧合血，但其极值表现需要多消耗近 20 倍。所以生理活动是由外界需求决定的。1998 年，美国神经生物学家彼得·斯特林和约瑟夫·埃耶提出，生物可通过生理或行为变化来维持稳态，并引入了“应变稳态”的概念。如果继续使用家用恒温器的类比，那么这时恒温器是为早晚、冬夏都各设置了不同温度，在变化中维持稳态。在身体中，每个变量（比如核心温度和血糖）的设置是由脑协调控制的。应激源相当于打开了门窗，产生了一个“应变稳态负荷”，使身体受压，导致设备磨损——种种慢性应激效应。

原始的体内稳态理论（生物维持其内环境稳态）太过简化。尽管人类生理学家更偏好应变稳态概念，但许多生物学家现在将贝尔纳的内环境、坎农的负反馈和谢耶的应激应答等基本思想进行了整合。所以体内稳态现在是一个基于应对外部环境挑战的整体概念，而不是简单的避免体内条件过度波动的机制问题。

通过调整内环境以适应外部变化

35 应激

当一个生物被推离其舒适区后，其内环境会变得不稳定（体内稳态失衡），导致应激。应激源可以是冷热、饥渴、身心伤害等：它们会引起各种生理应答，尽管这些应答并非总是有用的。

生物如何应对应激性状况？一个策略是运动：含羞草在受到触碰时会折叠起叶片，许多动物也会蜷缩成一团保护自己，就像在鼠妇、犰狳以及宿醉的人身上看到的。逃跑是另一个选择，但树木无法自己拔根而起，而蜗牛移动缓慢。然而，不论生物能否移动，快速的环境变化都会对它造成伤害，这也是为什么生物演化出了相似的机制来应对突发的应激。

热休克 1962 年的一天，意大利遗传学家费鲁乔·里托萨在显微镜下观察果蝇染色体，并注意到染色体的某些部分看上去有点疏松膨大，表明那里的基因活动活跃。在检查了用来培养细胞的孵化器后，他发现一位同事无意中提高了温度。染色体在 25ºC 时一切正常，但在里托萨将细胞在 30ºC 下培育 30 分钟后，胀泡便出现了。这是在悉尼·布伦纳表明 DNA 中的遗传信息是由一种中间分子（信使 RNA）转移到制造蛋白质的核糖体的一年后，所以里托萨认为这些染色体之所以膨大，是因为基因活动正在制造 RNA，但它所编码的蛋白质直到 1975 年才被分离出来。由于这种蛋白质是对温度诱发的应激所做出的应答，所以它被命名为热休克蛋白 70（HSP70）。

大事年表

1936 年

谢耶提出慢性应激导致“一般适应综合征”

1936 年

肯德尔从肾上腺中分离出可的松和其他激素

1948 年

亨奇表明可的松疗法能减轻关节炎的症状

热休克蛋白对细胞至关重要。代谢过程受温度影响，并且控制代谢过程的蛋白质也会因为受热而改变折叠方式。而错误折叠的蛋白质会以异常方式相互作用和聚集，就像在阿尔茨海默病等神经退行性疾病中那样。1984年，英国生物学家休·佩勒姆发现受热会导致小鼠和猴细胞中的蛋白质聚集，但额外的HSP70可使细胞更快地恢复。佩勒姆后来提出，HSP70会结合异常结构，以避免其聚集，使其有机会重新正确折叠。热休克蛋白质有多种，它们都属于一类指导蛋白质折叠的“分子伴侣”。

嗜极微生物

一些微生物可在大多数其他生物感觉“压力山大”或甚至致命性的条件下茁壮成长。这些嗜极细菌和古细菌包括能在最高121℃高温中繁殖的嗜热菌、喜欢高盐度的嗜盐菌，以及喜欢在pH值小于3的环境中生活的嗜酸菌。研究者已经将它们的能力应用于生物技术，其中一个最好的例子是1969年从黄石国家公园的间歇泉中分离出来的水生栖热菌。从它体内分离出的一种名为Taq聚合酶的酶，现在已被世界各地的实验室用来复制DNA。最让人印象深刻的嗜极微生物要数耐辐射奇球菌，它在1956年科学家试图通过电离辐射为咸牛肉罐头消毒时被发现。2006年，具有克罗地亚和法国双重国籍的生物学家米罗斯拉夫·拉德曼发现，破坏这种生物的基因组会触发一种特殊的DNA修复机制——利用未受损的遗传物质作为指南，将染色体重新缝合在一起。

在侦测到细胞应激后，“热休克因子”会附着到DNA开关上，激活基因。这些遗传信息然后转录到RNA（由此形成染色体胀泡），并最终编码热休克蛋白。平时，其他蛋白质会阻止热休克因子接触DNA，但它们的形状会受热改变，导致它们放开热休克因子。这些因子广泛存在于各生物中，从复杂细胞到细菌，不一而足。此外，热量也不是引发这种应答的唯一应激源。

激素系统 生理应激是一个多细胞生物对于不利环境的应答，但应激也可以来自身体内部，就像在人脑经历焦虑时。某些细胞对于应激源

1962年
里托萨发现高温下染色体的热休克应答

1984年
佩勒姆表明热休克蛋白能帮助细胞从损伤中恢复

2013
布恩斯特拉提出一些野生动物不会遭受慢性应激的伤害

“任何导致应激的因素都会危及生命，除非应之以合适的适应性应答；反过来，任何危及生命的因素都会导致应激和适应性应答。”

——汉斯·谢耶

特别敏感，比如线虫具有两个对温度敏感的神经细胞，能够促使激素释放，在体内广播应激信号。

大多数脊椎动物通过应激轴释放的激素控制应激应答：诸如肾上腺素之类的儿茶酚胺类激素能提高生物短期的生存概率，而诸如糖皮质激素之类的类固醇激素能使整个身体为长期的不利状况做好准备。许多无脊椎动物也使用一个类似的系统，只是所用激素有所不同。植物则要悲观主义得多：它们的细胞默认为面对最坏的状况而做好准备，除非它们侦测到称为赤霉素的生长激素。

糖皮质激素的功效很久以前就在医学上得到应用。1936 年，美国生物化学家爱德华·肯德尔从牛的肾上腺中分离出了六种类固醇化合物，它们能够改善狗和大鼠的肌肉力量。其中化合物 E 特别有效，但肯德尔只能获得少量。不过，工业化学家路易斯·萨雷特人工合成了化合物 E，到了 1948 年，它开始用于人体试验。梅奥医院的医师菲利普·亨奇为一位患有类风湿性关节炎的女性患者开出了这种药——不到一周时间，她便走出医院去购物了。

化合物 E 后来被重新命名为可的松，而尽管它有导致肢体水肿和精神失常等副作用，它还是因为其消炎作用而被推崇为“神药”。1985 年，遗传学家罗纳德·埃文斯领导的团队确定了一个糖皮质激素受体，而它存在于几乎所有脊椎动物细胞内。后来研究发现，可的松是一种非活性分子，但身体会将其转化为另一种类似的类固醇“皮质醇”。而一旦皮质醇进入细胞，它就会与其受体结合，最终改变成千上万个基因的活性。

自然中的应激　激素专家汉斯·谢耶将应激定义为“身体对于不同需求的非特异性应答”。1936 年，在研究了各种有害物质对于实验室大鼠的影响后，他提出慢性应激会导致“一般适应综合征”：不同的应激源总是引起相似的症状。这会与皮质醇的效应相契合，后者会暂停自我修复机制，使磨损不断积累。然而，后来的研究表明，不同的应激源具有不同的病理学。

作为一个概念，应激是通过研究人工环境中的动物发展起来的。而尽管长期应激会致使人和圈养动物死亡，但类似状况可能并不见于自然种群。野生动物必须经常性地面对慢性应激，但它们中很多并不是死于某种应激应答，而是死于饥饿。2013 年，生态生理学家鲁迪·布恩斯特拉对多个捕食关系（这可算是大自然中最有压力的相互作用之一）进行了文献综述，比较了猎物的糖皮质激素水平。旅鼠和田鼠似乎并不太担忧黄鼠狼，麋鹿与狼的关系也是相对无压力的，而雪兔和森林松鼠则生活在对于捕食者的恐惧当中。布恩斯特拉相信这反映出各自“生命史”的差异：自然选择已经驱使一些物种习惯了应激源，所以它们的激素不会乱套。

生理应答

脊椎动物的下丘脑－垂体－肾上腺轴（HPA 轴）是一个由应激源触发的应答系统。在交感神经系统指示肾上腺释放儿茶酚胺类激素（肾上腺素和去甲肾上腺素）后，下丘脑会生成促肾上腺皮质激素释放因子（CRH），这种神经递质会促使垂体释放促肾上腺皮质激素（ACTH）。而这又会促使肾上腺分泌糖皮质激素，后者会进入细胞，激活基因，并还会停止应激应答，使之回归到体内稳态——一个负反馈回路。

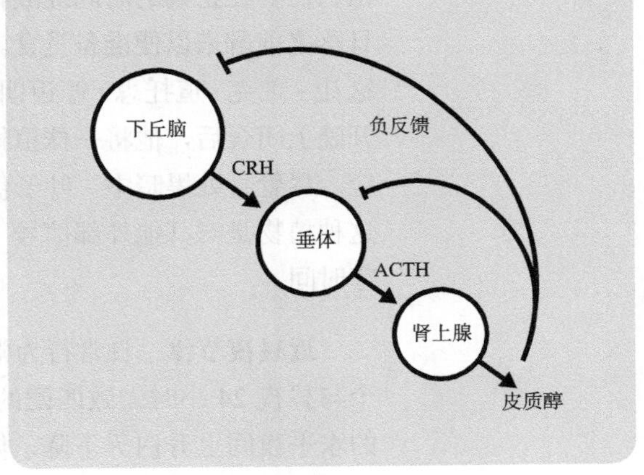

生理应激应答会帮助或损害生物

36 生物钟

古话“早起的鸟儿有虫吃”对许多生物来说也是金玉良言。这并不是因为早睡早起的“晨型人”是一种更为成功的生存策略，而是因为生物通过遵守时间能让自身的生理过程和行为匹配周围环境中可预测的变化。

生存不仅有赖于适应环境的变化，还有赖于预测一天的运转：开花植物需要在正确的时间绽放花朵以便进行传粉，夜行性哺乳动物需要在日落之前醒来以便准备觅食。第一位研究这种现象的是法国地球物理学家让-雅克·道托思·德迈朗。1729 年，在注意到含羞草的叶子白天张开晚上闭合后，他将一株植物置于橱柜中，检验它是否是对阳光做出回应。尽管身处黑暗中，叶子仍然以一定的节律张开闭合。但德迈朗认为这种植物是对其他外部信号（比如温度或磁场）做出回应，而不是在遵守时间。

近昼夜节律 日常行为常常反映出这样一些生理过程，它们遵循一个与昼夜 24 小时大致匹配的周期性模式。比如，促进睡眠的褪黑激素的水平夜间上升白天下降，体温则恰恰相反。20 世纪 30 年代，德国植物学家埃尔温·宾宁发现不同品种的豆类植物叶子的开合运动有着不同的周期，而当两个品种杂交后，子代的周期长度介于父本和母本之间。

大事年表

1729	1935 年	1952 年
德迈朗发现在无光情况下近昼夜节律依旧存在	宾宁表明植物和果蝇的近昼夜节律通过遗传而来	皮滕德赖证明近昼夜节律时钟会因温度调整

这表明植物身上存在一个内部计时器，一个具有近昼夜节律的生物钟。

这样的节律建基于一个称为自运周期的自然循环，而这个周期并非恰好是24小时（所以说“近”昼夜）。睡眠研究者查尔斯·蔡斯勒发现人类的平均自运周期为24小时11分钟。这个周期可通过生理标志物（比如激素）或行为节律（比如啮齿动物在跑步轮上的日常活动或者果蝇羽化成虫的高峰期）进行测量。

人类的近昼夜节律

人体内的生物钟通过诸如光线这样的外部信号跟踪时间，而这会影响生理过程，并最终改变我们的日常活动和行为。比如，褪黑激素的水平夜间升高白天下降，这会影响到我们何时感到困倦。

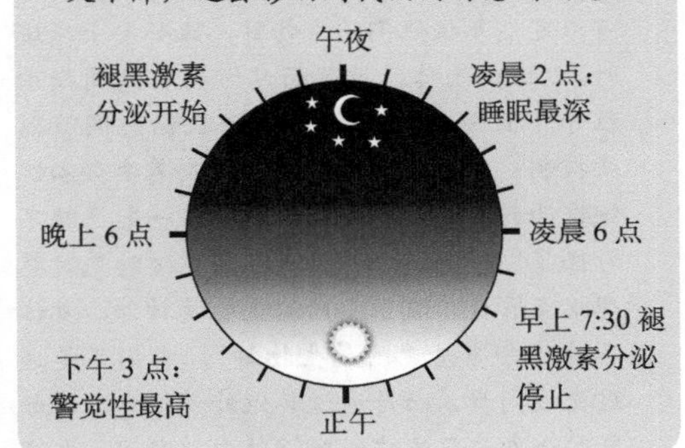

遵守时间 作为现代科学的生物钟学诞生于落基山脉的一处外围建筑。1952年，普林斯顿大学的英国研究员科林·皮滕德赖在科罗拉多州的一个田野站点度过整个夏天，期间他重复了宾宁的一项实验。德国人之前发现，将果蝇置于持续的黑暗中并将温度从26ºC降至16ºC后，它们的自运周期（基于其羽化高峰期）延迟了12小时。由于代谢中的一些化学反应会受温度影响，所以温暖的环境会促使近昼夜节律加速，而寒冷导致其减速，这都使得生物钟变得不再有用。

皮滕德赖在一个压力锅旁建了一个暗室，在靠近一个废弃矿井的一处外围建筑里建了另外一个。不同于宾宁，他发现在寒冷的外围建筑

1971年
科诺普卡和本泽确认果蝇体内的时钟基因“周期基因”

1972年
摩尔和朱克表明视交叉上核是主生物钟

2002年
伯森和哈塔分离出生物钟用以同步的感光细胞

夜间光线

睡眠是生物钟负责调控的最重要状态。在过去数千年里，自然的昼夜与人类的作息大致保持同步。但技术改变了这一点：空中旅行导致时差，因为阳光与认为身体该睡觉的生物钟发生了冲突；而人造光使得人们可以定期复位他们的生物钟，比如要上夜班时。“日出而作，日落而息”的作息周期由位于下丘脑的主生物钟和睡眠稳态调节器所控制。考虑到下丘脑同时控制着疲劳和饥饿这两种行为，两者往往联系在一起也就不奇怪了，这也是为什么我们在应该睡觉时总想吃点宵夜。除了脑内的主生物钟外，身体各处还分布着“附属生物钟”，它们不是通过光线同步，而是通过其他外部信号。比如肝脏会在你每次吃饭时调整内部时间。在夜间进行不适当的同步会导致睡眠破碎、质量差，带来诸如抑郁症和肥胖等健康问题。

里，果蝇的羽化高峰期只推迟了一小时。当他在普林斯顿再次重复该实验时，他得到了同样的结果。在20世纪50年代后期，皮滕德赖和其他一些人表明，这种温度补偿现象见于各种生物，包括单细胞原生生物和孢子霉菌，说明生物钟在生命中普遍存在。

保持同步 尽管一个良好的生物钟应当对诸如温度这样的环境波动不敏感，但它也必须能够调整时间。而这是通过响应一个外部信号（德国人于尔根·阿朔夫将之称为“授时因子”）实现的，这个使内部时钟与外部世界同步的过程称为“内外偶联”。授时因子避免了自运周期与地球昼夜循环的失调。

大多数生物的主要授时因子是光线。哺乳动物的“主生物钟”是视交叉上核（SCN），这是下丘脑（位于脑干上方、大脑半球下方）中的一个神经细胞簇。1972年，美国神经科学家罗伯特·摩尔和欧文·朱克各自独立发现，损伤视交叉上核会导致大鼠失去近昼夜节律。摩尔检测到异常水平的肾上腺皮质酮（一种对于应激的生理应答），而朱克观察到大鼠饮水和运动行为的变化以及它们在异常时间的活跃。

主生物钟会在黎明或黄昏的某个关键时刻复位。在哺乳动物中，光线由眼睛中一种不在普通视觉中使用的特殊细胞侦测到。2002年，戴维·伯森和萨默尔·哈塔分离出了这些视网膜特化感光神经节细胞

（ipRGC），它们只占视网膜节细胞的2%，并且直接与主生物钟直接相连。

> “近昼夜节律反映了对于生物活动的深度编程，借此以应对和利用环境的周期性带来的挑战和机遇。”
>
> ——科林·皮滕德赖

时钟基因 在一项实验中，宾宁花了约一年时间在持续的光照下培育30代果蝇，以便破坏它们的近昼夜节律。当他把果蝇放在完全黑暗的环境中后，节律恢复了。这表明生物并不是使用某种记忆跟踪时间，时钟是通过基因遗传的。

生物钟的“齿轮”是一些其水平会在一天中振荡变化的蛋白质。这些蛋白质由“时钟基因”编码。第一个这样的基因由美国遗传学家罗纳德·科诺普卡和西摩·本泽在1971年发现。他们确认了三种具有异常的运动和羽化模式的果蝇突变：近昼夜节律比自运周期长的果蝇、节律比周期短的果蝇，以及不具有节律的果蝇。其行为背后的突变都可映射到DNA的同一个位置，这个基因如今称为“周期基因”。

生物钟的构成部件因物种而异，但其基本机制都是一样的。随着时钟基因活动的振荡，它们所编码的蛋白质的水平升升降降，而这影响到一个蛋白质是否会附着到DNA上，打开一个与生理过程相关的基因，从而最终影响到行为。比如，时钟基因TOK1控制着植物何时在早上醒来，以及何时关闭叶子的气孔以防止夜间失水。生物钟的各部件还会在一个反馈回路中相互作用和相互调控。

生物活动与24小时的昼夜周期同步

37 睡眠

动物在睡眠这个独特的休息阶段容易受到环境威胁的伤害，但所有物种都或多或少要睡觉，其中人类便花了生命约三分之一的时间在睡眠上。尽管对于睡眠的功能已经有多个理论，但它仍是生物学中最大的谜团之一。

睡眠的特征很容易识别：动物在身体上相较于觉醒时变得不活跃，难以对大多数刺激做出反应，并会采取各自物种特有的睡眠姿势（比如人类横躺而蝙蝠倒挂）。睡眠状态也很容易脱离，这使其有别于像蛰伏或冬眠这样的休眠状态（短期或长期内降低代谢）以及昏迷状态（有时不可逆的“深度睡眠”状态）。所有具有神经系统的物种都会出现某种形式的睡眠。

哺乳类和鸟类有着两种不同类型的睡眠：快速眼动（REM）睡眠和非快速眼动（NREM）睡眠。两者可通过记录脑活动的脑电图（EEG）加以侦测和区分。在非快速眼动睡眠中，神经冲动表现为在脑的各处同步的电活动，而在快速眼动睡眠中，脑电波是混乱的，类似于觉醒时的活动。快速眼动睡眠由美国生理学家纳塔涅尔·克莱特曼和尤金·阿瑟瑞斯基在 1953 年发现。几年后，克莱特曼和威廉·德门特发现做梦与快速眼动睡眠相关，并且人类睡眠由一个个循环构成，其中每个循环由

大事年表

1953 年

克莱特曼发现快速眼动睡眠，并在 1957 年表明它与做梦有关

1958 年

阿龙·勒纳从牛松果腺中分离出睡眠周期激素——褪黑激素

1959 年

茹韦揭示出麻痹身体的控制系统

非快速眼动睡眠的三个阶段并紧跟着一个快速眼动睡眠构成。

动物在睡眠时不像平常时那样活跃，因为脑会使身体麻痹，而将运动限制在诸如呼吸这样的重要系统以及诸如眼动这样的颤搐上。这个控制系统由法国神经生物学家米歇尔·茹韦在 1959 年通过观察脑干的脑桥区有病变的猫揭示出来。受损的脑桥无法抑制延髓中的运动中心。在快速眼动睡眠中，茹韦的猫表现出诸如攻击一个看不见的敌人的行为——它们正在对自己的梦境做出反应。

睡眠周期

随着逐步深入非快速眼动（NREM）睡眠的三个阶段，脑电波逐渐变慢和变得更为同步，动物越来越难叫醒，并在 N3 阶段达到最低谷——慢波睡眠或深度睡眠。之后脑活动逐渐变得活跃，并进入快速眼动（REM）睡眠（有时会有短暂的觉醒），然后循环重新开始。对于成年人来说，每个睡眠周期持续约 90 分钟。

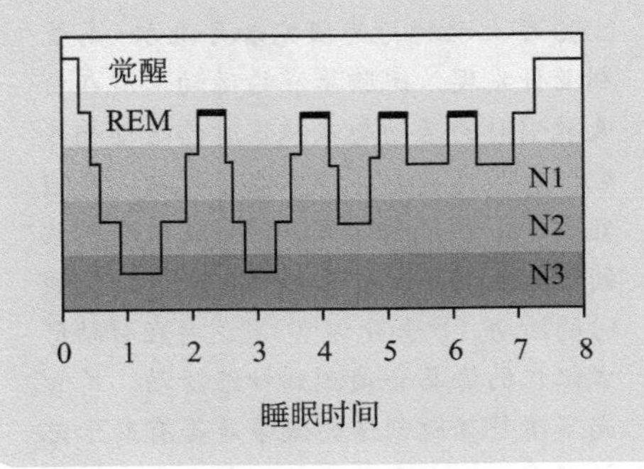

睡眠的功能 正如睡眠研究者艾伦·雷希特沙芬曾说过的：“如果睡眠不具有绝对重要的功能，那它就是演化所犯的最大错误。”在雷希特沙芬在 20 世纪 80 年代进行的一系列实验中，被放到一个旋转圆盘上的大鼠，由于害怕跟不上节奏而落入下面的水中，被迫时刻保持觉醒。两三周后，睡眠剥夺的效果是致命的。在人类中，睡眠剥夺会削弱认知能力，改变情绪和个性。然而，迁徙的鸟类可以长时间不睡觉，而经受转盘实验的鸽子也没有产生任何不良影响，表明睡眠并不总是必不可少的。

1980 年
博尔贝伊提出睡眠受体内稳态和近昼夜节律的调控

20 世纪 80 年代
雷希特沙芬的大鼠睡眠剥夺实验表明睡眠至关重要

1998 年
路易斯·德莱塞亚和柳泽正史发现觉醒激素——下丘脑泌素（食欲肽）

做梦

梦是在一个无意识心智中浮现的图像、想法和情绪的序列。它几乎与睡眠一样神秘，对此我们也有多种理论。一个早期理论由精神病学家艾伦·霍布森和罗伯特·麦卡利在1977年提出，他们认为快速眼动睡眠时的随机脑活动，为了使它们说得通，经过综合就形成一个梦。另一个主流理论是，由于梦经常涉及近期事件，所以梦是在参与信息处理。2000年，动物行为研究者丹尼尔·马戈利亚什发现，斑胸草雀的运动皮质在白天歌唱时的活动与在睡眠时的活动相匹配，表明鸟类会在梦中温习歌曲。在哺乳类中，神经科学家马修·威尔逊所做的研究表明，大鼠会在睡觉时梦到觉醒时的活动（比如走迷宫），这时在帮助形成记忆的海马会侦测到神经活动。尽管尚不清楚梦所创造的叙事是否有助于记忆巩固，但由于大多数梦都发生在快速眼动睡眠阶段，看来我们做梦的原因很有可能反映了快速眼动睡眠本身的功能。

对于我们为何要睡觉有三种主要理论：节约能量、修复和恢复，以及保养脑。大棕蝠是一种每天睡20小时的夜行性捕食者，它的睡眠看上去主要是为了节约能量，而不是在四小时的捕食后恢复体能。身体需要时间修复自身并补充在活跃时所消耗的分子似乎也合乎直觉。最后，睡眠很有可能会强化和梳理学习和记忆形成的神经元连接——诸如罗伯特·斯蒂克戈尔德等科学家已经表明，人在睡觉后回忆会更好。脑只占人体重量的2%，却消耗了觉醒时卡路里消耗的20%，所以关机休息一下可能会带来多重好处。

然而，每种睡眠理论也有其弱点。如果睡眠是节约能量，那为什么动物从冬眠中苏醒后这样疲惫不堪？如果睡眠是修复和恢复，那为什么身体在觉醒时生成了更多蛋白质？而如果睡眠是保养脑，那为什么鲸下目动物（包括鲸和海豚，这些最聪明的哺乳动物之一）只关停它们的半个脑至多两个小时？杰尔姆·西格尔已经发现，在这种“单半球睡眠”期间，鲸下目动物会继续游泳而不会撞上东西，并且没有快速眼动睡眠。事实上，快速眼动睡眠本身就难以解释，因为这时的脑活动几乎与觉醒时相当。所有这些自相矛盾表明，“睡眠”是个统括说法，涵盖了恰巧发生在同一个休息阶段的多种过程。

醒睡周期 1980年，瑞士研究者亚历山大·博尔贝伊提出，睡眠受两个过程调控：生物钟控制何时睡，体内稳态机制控制睡多久。生物钟通过与外部因素（比如光）同步追踪时间，体内稳态则根据睡眠是不足还是过量相应调整睡眠强度。体内稳态的确切机制还不清楚，但睡眠剥夺会促使基底前脑的细胞释放腺苷，表明腺苷水平是某种“计数器”。

主生物钟和睡眠稳态调节器都位于下丘脑。下丘脑是脑干上方的一块杏仁大小的区域，它还控制着食欲、口渴以及其他唤醒功能。具体来说，两种睡眠调控器都位于称为视交叉上核（SCN）的一个神经细胞簇。随着夜幕降临，眼睛中的细胞发送信号给视交叉上核，告诉附近的松果体释放褪黑激素，后者会向全身广播一个困倦信号。然而，醒睡周期的真正“开关”似乎是称为下丘脑泌素或食欲肽的激素，它会触发脑开始觉醒。这些分子（由两个科研团队在 1998 年各自独立发现）由下丘脑释放，与调控身体中水盐代谢的促胰液素相似。

“睡眠是一个几乎每个人都觉得，出于个人兴趣和经验，自己对此可算权威的话题。”

——纳塔涅尔·克莱特曼

20 世纪 70 年代，威廉·德门特在斯坦福大学饲养了一群狗用于研究睡眠障碍。接替他的伊曼纽尔·米尼奥则对发作性睡病（白天出现的不可克制的睡眠发作）进行了研究，并确认了这种疾病与觉醒激素（下丘脑泌素）有关。患病杜宾犬的下丘脑泌素受体的基因中存在一个突变，而人类患者的分泌下丘脑泌素的细胞受损。科学家现在正在试图人工合成这种激素——不仅为了治疗发作性睡病，也为了帮助任何需要保持觉醒的人，比如飞行员或长途车司机。我们可能还不知道为什么我们要睡觉，但我们可能很快就会控制它。

一个有用但不一定必不可少的休息阶段

38 记忆

在我们的想象中，过往经验像被摄像机拍摄那样连续记录下来，而记忆像存储在电脑硬盘上，可供随时回忆。但在现实中，连续的序列只是由众多信息片段拼凑而成的幻象——甚至不具有像脑细胞这样的物理实体，而是存在于它们之间的间隙。

大多数动物都具有关于知觉和运动技能的“内隐记忆”，其中就包括反射行为：1903年，俄国生理学家伊凡·巴甫洛夫注意到，实验室里的狗不仅会在看到食物或闻到食物气味时分泌唾液，当他的助手在喂食时间之前现身时也会分泌。这种所谓的“心理性分泌”启发了他的著名实验：在喂食时摇铃，使狗形成条件反射，将两个刺激关联起来。然后它们单听到摇铃就会分泌唾液，证明了一个行为反应可通过学习加以改造。

具有复杂神经系统的动物还具有关于事实和事件的“外显记忆”，而这需要有意识的觉知。在人类中，两种记忆（内隐和外显）都存储在脑的皮质中，但形成于不同的区域——这一点在著名的HM案例中得到了很好说明。为了治疗自己严重的癫痫病，HM在27岁时被切除部分内侧颞叶，这个区域位于脑干上方，其中包括一对弯曲构造——海马。1957年，外科医生威廉·斯科维尔和神经科学家布伦达·米尔纳报告了这样做的后果。在手术后，HM能够回忆起19个月前发生的事件，但想不起之后发生的事

大事年表

1894年
拉蒙-卡哈尔提出神经元连接的突触可塑性

1903年
巴甫洛夫的狗实验表明学习可改造行为

1949年
赫布提出学习涉及相连神经元之间的协调活动

情。HM 治愈了癫痫病，却患上了“顺行性遗忘”——他无法形成新的记忆。

存储中心

过往经验并不是存储在人脑的特定一个位置，而是作为相应区域的神经元细胞之间的连接而存在。对于事实之类信息的外显记忆的形成一开始需要用到内侧颞叶中的海马，但其长期存储发生在大脑皮质中。

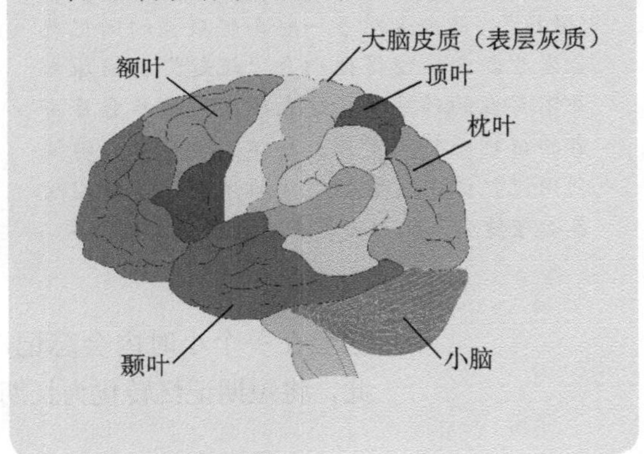

学习　直到20世纪中期，科学家长久以来都倾向于把大脑视为一个黑箱。这并不出人意料，特别是考虑到一个典型的哺乳动物脑由数十亿个神经元细胞构成，而每个细胞又具有上千个突触，与其他细胞相连。面对这样复杂的线路，奥地利裔美国神经科学家埃里克·坎德尔没有试图正面突破，而是先从简单着手：海兔是一种仅有20 000个神经元细胞的海蛞蝓，其神经元细胞体积大，容易观察，使其更适于研究学习如何改造行为。从20世纪60年代开始，坎德尔使用微电极记录下一个简单回路中的神经冲动。这个神经回路由30个神经元细胞构成，控制着这种海洋软体动物的一个基本防御反射，即当它的触角被触碰时，它会将外鳃缩回体内。

坎德尔先从一个称为敏感化的学习过程开始。就像恐怖电影的持续惊吓会让观看者对于自己肩头的一下轻拍变得更为敏感，坎德尔发现对于海兔尾巴的轻微电击会让它对触角的触碰更为敏感。海兔记下了这个不愉快经历，而这段记忆的持续时间取决于电击的频率：单个电击后，

1957年

斯科维尔和米尔纳揭示出外显记忆形成需要用到海马

20世纪70年代

坎德尔的海兔实验开始揭示出内隐记忆是如何存储的

1986年

坎德尔表明长期记忆形成涉及细胞生成新蛋白质

操纵记忆

记忆是不可靠、易受影响和容易修改的。1974 年，美国心理学家伊丽莎白·洛夫特斯发现，虚假记忆可通过一种“误导信息效应”植入：通过询问一个引导性问题或改变一个细微细节，比如将中性的“碰撞”替换为“碾压”，目击者对于一起车辆碰撞的回忆就会发生扭曲，使得他们会“记起”现场原本并不存在的碎玻璃。这表明不应该单靠目击者的证词而将人定罪。科学家现在正在尝试利用记忆的不可靠性来编辑不良经验，以改善心理健康，比如减轻士兵在经受创伤后应激障碍（PTSD）时的痛苦回忆的折磨。不像电脑中的文件，记忆不可能点击几下鼠标就删除，因为记忆的片段（包括感官信息及相关情绪）散布在整个脑中。但一个事件巩固成为长期记忆需要一段时间，这使得人们能够“回忆以便忘记”：一边要求一位 PTSD 患者回忆一段近期的痛苦回忆，另一边给他服用诸如普萘洛尔（一种 β 受体阻断药）之类的药物，以干扰形成和维持记忆的分子。这能够切断一个事件与相关应激之间的突触连接，减少记忆带来的情绪影响。

它会在一个小时内会忘记，但四次单个电击会让它记住超过一天。因此，将短期记忆转化为长期记忆的过程涉及带间隔的重复。

突触可塑性 1894 年，现代神经科学之父、西班牙生物学家圣地亚哥·拉蒙 - 卡哈尔提出突触之间的连接并不是固定的，而是可变的，这个原理现在称为“突触可塑性”。这在坎德尔的研究中得到了证明：由于他使用同一个神经回路研究不同的学习过程，包括与敏感化相反的习惯化，所以很明显，记忆不是由细胞，而是由它们之间的连接编码的。

对于事实和事件的外显记忆则要比像反射这样的内隐记忆复杂得多，并且有时会涉及拼接一些看似毫无关联的信息。那么神经元细胞究竟如何相互连接？ 1949 年，加拿大心理学家唐纳德·赫布提出，如果一个细胞定期向一个邻近细胞发送一个冲动，而后者接着也发送自己的信号，则它们之间的突触连接会加强。简单来说，“一起激活的细胞连接在一起”。这种效应现在称为长时程增强（LTP）。

> “如果学习的基本形式在所有具备成形神经系统的动物中都通用的话，那么在细胞和分子层级上必定存在学习机制的某些共同特征，而这可以在哪怕简单脊椎动物中加以有效研究。”
>
> ——埃里克·坎德尔

单个一条记忆就像一条只有当有水流动时才变得可见的河流，只有在细胞发送冲动时才会被人想起。记忆的实体痕迹（“印迹”）就是干涸河床上的河道，而它能够通过神经元细胞的长时程增强加深。河床本身由分子组成：神经元细胞内的蛋白质、产生跨膜电压的钙离子，以及突触间隙中诸如血清素、谷氨酸和多巴胺等神经递质。

存储和回忆 短期记忆可将信息保留数秒或数分钟时间，长期记忆则可能维持多年。1986 年，坎德尔揭示出它们之间的分子层级差异：在给海兔细胞注入多种阻断新蛋白质生成的药物后，短期的敏感化仍然存在，但长期记忆消失了。因此，短期记忆使用的是突触中已有的分子，而长期记忆要求新蛋白质生成，后者涉及在突触与细胞核之间的一系列通信以及基因激活蛋白 CREB-1 和 CREB-2。

对于记忆是如何维持和回忆的，我们知道得要少得多。最近一个有趣的发现是，近期经验在变成稳定的长期记忆之前需要经过“再巩固”。2000 年，加拿大神经科学家卡里姆·纳德教会大鼠将轻度电击与高音调关联起来。但被注射一种阻止新记忆形成的药物后，这些动物不再听到声音就退缩——大鼠忘记了恐惧。“recollection”（回忆）一词形象地描述了记忆是如何提取的：每次将碎片重新收集（collect）在一起，并重新组合。记忆一点也不像录像，它很容易被操纵。

过往经验以神经元连接的形式存储

39 智力

智力是认知（这个使动物得以获取、加工、存储和使用知识的心理过程）的产物。按照这个定义，人类是最聪明的物种，所以识别其他聪明生物的一个方式是，将它们的认知能力与我们自己的相比较。这时有些关于动物的刻板印象就会被推翻。

动物的智力不能通过智商测试来评估——不仅因为它们无法读写，更因为我们的测试是基于人类生物学，比如具有对生拇指，不免有失偏颇。所以在比较动物智力时，这些人类中心论视角是需要时刻留意的。

直到相当晚近的时候，人类所具有的制造工具能力一直被视为定义人类的独特特征。然后在20世纪60年代，英国灵长类动物学家简·古道尔开始在坦桑尼亚研究黑猩猩。有一天，她注意到一只雄性黑猩猩将树枝撸掉叶子，然后用它从蚁丘中粘取白蚁。当古道尔向她的导师、人类学家路易斯·利基报告了这个发现后，利基答道："现在我们必须重新定义人类，重新定义工具，或者认可黑猩猩是人类。"

制作工具 现如今，我们知道工具的使用在动物界中并不罕见。比如，生活在澳大利亚鲨鱼湾的宽吻海豚会在沙质海床上觅食时利用海绵保护它们的吻突，而卷尾猴会利用石头砸开坚果。这里的关键在于，

大事年表

1964年	1970年	1977年
古道尔报告了坦桑尼亚的黑猩猩会利用树枝制造工具	盖勒普通过镜子测试证明黑猩猩具有自我觉知	佩珀伯格开始教授鹦鹉亚历克斯单词以研究鸟类的认知

动物必须改变和把握工具：树枝只有从树上被折下来后才成为一件工具。许多工具是现成物件，而更了不起的是对它们加以修改以改善其功能——你或许把这称为技术。

只有少数物种能制造复杂工具。这个技能长久以来被视为灵长类的专属，直到比较心理学家加文·亨特在考察南太平洋新喀里多尼亚岛时观察到一种乌鸦能够啄断枝杈，制成一头带钩的弯曲枝条，从树洞中掏出昆虫幼虫。“笨鸟”的刻板印象现在已被新喀鸦及其他鸦科成员推翻了。

理解语言 鹦鹉会学舌，但它们明白其中的含义吗？在获得一个理论化学博士学位后，艾琳·佩珀伯格决定一探究竟。1977年，她在芝加哥机场附近的一家宠物店购买了一只一岁大的非洲灰鹦鹉，并为它取名“亚历克斯”（Alex）。在之后的三十多年里，佩珀伯格教会了这只鸟超过100个单词。如果摆出一把绿色钥匙和一个绿色杯子，

意识

“身为一只蝙蝠是什么感觉？”美国哲学家托马斯·纳格尔在1974年的一篇文章中提出了这个问题。而他认为，身为一种飞行哺乳动物、使用回声定位来导航的生活，对于人类经验来说太过陌生，以至于我们根本无从理解蝙蝠是如何看待世界的。鉴于哲学家已经就意识问题争论了几个世纪，生物学还能对此有所帮助吗？纳格尔的文章旨在反驳“还原论”，后者认为像脑这样的复杂系统可通过各个部分之和的方式加以解释。但仍有许多科学家相信，还原论是一种解决意识的那个“难题”的实用方法，即主观经验如何会具有诸如色彩或味道等特定特性（qualia）。由于主观经验归根结底是由神经细胞的行为编码的，所以原则上应该有可能在脑中侦测到相关的事件或模式，即“意识的神经机制”（neural correlates of consciousness）。神经生物学家现在相信，意识问题可从身为一个人是什么感觉开始着手解决。

1984年
赫尔曼表明海豚能够理解句子中单词的次序

1996年
亨特发现新喀鸦可以制造复杂工具

2001年
埃默里和克莱顿表明佛罗里达丛鸦具有情景记忆

并问它这里有何不同，亚历克斯会答说“形状”。如果问它什么是相同的，它会答说“颜色”。它可以数到六，并在遇到困境时即兴发挥。由于一个红苹果味道像香蕉（banana）而样子像樱桃（cherry），它就称之为“banerry”。亚历克斯的本领已经不仅仅是简单的“学舌”了。

“我知道这非常令人激动……挑选一根树枝并去掉树叶，这是工具制造的发端。”

——简·古道尔

会说话的动物很罕见，是因为大多数物种不具备嘴唇、声带或其他特征来模仿人类说话。然而，还是有多只非人猿类学会了通过其他方式进行交流。旧金山动物园的大猩猩科科（Koko）懂得超过1000个手语动作，而美国灵长类动物学家休·萨维奇-伦博则教会了倭黑猩猩坎兹（Kanzi）在黑板或触摸屏上识别图形符号。海豚则更上一层楼，它们能够理解一个句子中单词的次序——其句法。正如路易斯·赫尔曼在1984年报告的，大西洋宽吻海豚能够理解手势的简单语法：一只名为爱智者（Akeakamai）的雌性海豚知道，实验者手握拳做打气动作表示“圈”，双臂上举过头表示“球”，过来这里的手势则表示“取”。如果被告知“圈–球–取”，爱智者会把球推过一个圈，而对于“球–圈–取”，它则会把圈推向球。不像有些人类，它还可以区分左右。

自我和他者 1970年，心理学家戈登·盖洛普先让黑猩猩习惯镜子，然后麻醉它们，并在它们脸上点上红点。当黑猩猩醒来并看到它们在镜子中的镜像后，它们借着镜子伸手触摸红点，表明它们认出了镜子里的自己；相反，猴子的反应则好像它们的镜像是另一个新的个体。狗主人可能会声称他们的宠物知道自己在想什么，但狗没有通过这个“镜子测试”。不过，这并不意味着它们没有自我觉知：狗的主要感官是嗅觉，而不是视觉。尽管如此，像海豚、大象和欧洲喜鹊（一种鸦科动物）这样的动物确实通过了镜子测试。猿（包括人类婴儿）在一二岁时开始具有自我觉知。

另一只动物在想什么？在心理学中，这称为“心智理论”，这是一种能够意识到另一个个体的心理状态可以与自己的不同的能力。2001年，英国认知科学家内森·埃默里和妮古拉·克莱顿表明，佛罗里达丛鸦能够记住特定事件——情景记忆，或者说“心理时间旅行”。如果一只丛鸦发现一个竞争对手已经看到自己在隐藏食物，它会在那只鸟离开后转移食物。这种做法只有在一只丛鸦以前自己做过窃贼的情况下才会出现，表明它能理解偷窃的意图。

更大和更好的脑 为什么有些物种比其他物种更聪明？与工具使用、语言理解和自我觉知等零星证据相匹配，那些最聪明的物种具有更高的脑重与体重之比：海豚和灵长类相较于羊和小鼠更聪明；鹦鹉和鸦科动物是聪明的，鸽子和鸡则不是。

哺乳类的大脑灰质因其折叠的新皮质而像一个核桃，鸟类的灰质则组织成囊形。两者结构不同但等价，并都满足了对于脑能力的需求。正如内森·埃默里和妮古拉·克莱顿所说的，“对此的类比应该是俱乐部三明治（哺乳类脑）与腊香肠比萨（鸟类脑）”。他们提出，鸦科动物和猿演化出可谓旗鼓相当的能力，是为了应对相似的社会环境——比如，为了欺骗竞争对手。然后生态压力驱动自然选择，导致在亲缘关系很远的物种之间出现了脑结构的趋同演化。这也是为什么乌鸦能够像黑猩猩一样聪明。

生态压力形塑认知能力

40 人类

是什么使得人之为人？我们从何而来？为什么我们如此不同？直到大约十年前，这样的问题还只能由考古学家和人类学家回答，但测序技术现在使生物学家能够将智人的DNA与其他物种（包括我们已灭绝的祖先）进行比对，从而揭开人类起源的秘密。

每个物种都是特别的，凭借各自独特的适应而与其他物种相区分。但毫无疑问我们人类具有地球上所有其他生命难以匹比的一些特征，比如通过语言传递知识的能力。根据考古学家的说法，我们的祖先在260万年前开始制作石器，而“解剖学意义上的现代人”在约20万年前走出非洲。古人类学家说，像艺术之类的文化制品在6万年前随着人类开始在全球扩张而在欧亚大陆各处出现。

人科 人既不是猿的亲戚，也不是猿的后代，我们就是猿。那么是什么使得我们与我们的表兄弟区分开来？一个著名例子是FOXP2基因，如果发生突变，它会导致人类出现说话和语言问题。2002年，德国遗传学家沃尔夫冈·恩纳德发现，尽管所有哺乳动物的FOXP2基因几乎都相同，但在人类中，它生成的蛋白质有两个氨基酸发生了改变。当这些变化在小鼠体内被诱导出来后，恩纳德发现有些脑细胞（运动功能所需的神经回路的一部分）会生长变长，变得更具突触可塑性。这表明蛋白质

大事年表

2001年
开始人类基因组的测序和分析

2002年
发现负责说话和语言的FOXP2基因在人类中有所不同

2005年
黑猩猩和人类基因组的比对显示两者几乎没有差异

上的这两个变化是对于复杂任务的适应。

科学家在 2005 年完成了黑猩猩 DNA 序列的测序，以期发现它与人类基因组的差异。大猩猩和红猩猩的基因组测序也随后很快完成，并将之与猕猴（属于旧世界猴）进行了比对。尽管基因组比对已经找到一些差异，但要从中找出对人类演化而言重要的那些还很困难。将我们的基因组与黑猩猩的进行比对后发现，自从共同祖先分开以后，我们的 DNA 已经累积了 2000 万个核苷酸置换（单字母变化）。这听起来很多，但它只占我们基因组的 32 亿个字母的 0.6%。

找出潜在的重要 DNA 的一种方法是侦测之前获得或丢失的区块。2011 年，吉尔·贝吉拉诺和戴维·金斯利领导的一个团队发现人类相较于其他灵长类存在超过 500 个缺失，并详细研究了其中两个。一个缺失是针对一个雄性激素受体基因的增强子（DNA 控制元件），由此产生了一个可爱的解剖学效应：移除阴茎刺。另一个缺失是针对 GADD45G 基因的增强子，这个基因会限制大脑皮质中的细胞分裂。这表明这个缺失使得人脑有可能得以增加体积。

“古代基因组的测序将告诉我们为什么在所有灵长类中只有现代人能够遍布地球的每个角落并形塑这个星球。”

——斯万特·佩博

早期差异 自从与黑猩猩相揖别以后，所有类人的猿类（包括人属和南猿属）称为“人亚族”。而在过去 50 万年里灭绝的人属称为“早期”智人，尼安德特人便是其中最著名的例子，其化石证据最早出现在超过 30 万年前，并在约 3 万年前灭绝。大家都知道他们比现代人身体更强壮，但其实他们的脑也更大。那么究竟是什么给了我们智人一个超过早期智人的竞争优势呢？

2008 年
千人基因组计划启动

2010
尼安德特人基因组测序的草图发表

2010
通过 DNA 测序揭示出丹尼索瓦人的遗传史

独特性

人们在DNA层级上是惊人相似的：就单字母差异而言，99.9%的DNA是相同的。但这些数字无法告诉我们遗传变体（等位基因）是如何让我们变得独一无二的。对此生物学家如何能够提供洞见呢？一种方法是将人类的等位基因引入小鼠。一个例子是外异蛋白A受体（EDAR）基因，其中370A变体会产生较粗的头发和铲形门齿。这个变体于3万年前在中国出现，被如今许多亚洲种群的人群几乎百分之百携带。2013年，由布鲁斯·摩根和帕尔迪斯·萨贝提领导的团队通过基因工程培育出具有370A变体的小鼠。除了毛皮变粗，这些动物也体现出其他变化，包括额外的汗腺。在调查过汉族人后，摩根和萨贝提发现，370A也与人体中的更多汗腺相关。不过，这种理解功能的小鼠模型并不是对所有变体都适用，因为一个基因的效应会受其“遗传背景”的影响——一个新引入的基因可能不会像在人体中那样，与小鼠的DNA发生相互作用。另一种方法是将基因插入实验室培养的干细胞中，而该组织也是从人体中分离出来的。在理论上，这种方法可用于研究像尼安德特人这样的早期智人。

长期以来，所谓的古遗传学研究一直受到诸如污染等技术问题的困扰，但在2010年，瑞典遗传学家斯万特·佩博领导的团队最终公布了尼安德特人的基因组。其中最富争议的发现是，我们的基因组中有约2.5%与尼安德特人密切相关，表明我们是杂种。2010年，西伯利亚的丹尼索瓦洞穴发现的指骨碎片的基因组表明它属于另外一个未知物种。这是第一批在没有发现骨架的情况下被定义的早期智人。这些丹尼索瓦人为南太平洋的现代人贡献了约5%的遗传物质。

根据佩博的观点，现代人并没有完全替代早期智人，因为一开始的杂交意味着“有限替代”。人类基因组中的近20亿个字母可与尼安德特人和丹尼索瓦人的DNA两相比对，并揭示出人类演化过程中的多个意外发现。比如，与脑功能相关的FOXP2基因中的变化要早于智人与早期智人的分开。我们与早期智人存在32 000个单字母变化的差异，而由佩博和戴维·赖克2013年完成的一项研究将其中涉及的一些蛋白质与大脑皮质的早期发育联系了起来。

现代变体 随着人类散布到世界各地，各个种群适应了当地环境，形成了我们今天看到的多样性。所以我们可能会预期至少来自同一大陆的人在遗传上应该是相似的，但事实并非如此。2010年，千人基因组计划比对了来自两个非洲种群的 185 个个体的基因组与来自欧洲和中国的 184 个个体的基因组。尽管该计划发现了近 3900 万个单字母变化，但没有哪一个是所有非洲人或所有欧亚人都有的。

具有广泛相似特征的种群也存在遗传差异，而这种情况之所以能够发生，是因为这些特征并不是由具体某个遗传变体决定的，而是由变体之间的相互作用决定的。不妨以高度为例。在孟德尔的豌豆（参见第 7 章）中，茎的高度由一个基因的两个变体决定，但人的身高受到 DNA 中至少 180 个位点的影响。2012 年，人类学性状遗传调查（GIANT）项目发现，在 139 个增加身高的变体中，其中 85 个在北欧人中比在南欧人中更常见。

人科

下图是人科的演化树。枝杈包括基因组已被解读的现存成员，以及两种同样已被测序的已灭绝的早期智人（尼安德特人和丹尼索瓦人）。其中的数字是物种形成的大致日期，单位为距今百万年（MYA）。

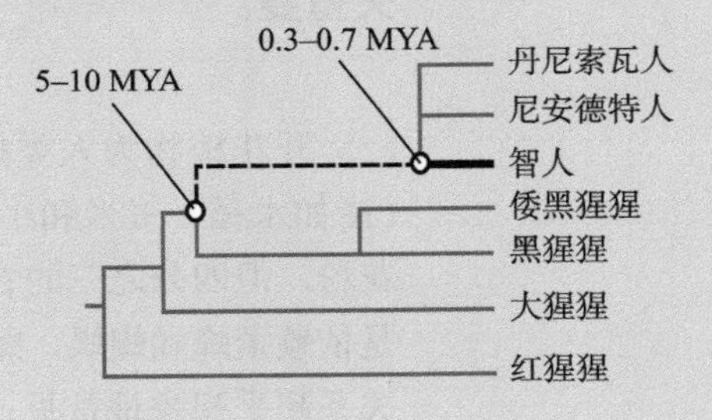

适应是自然选择的结果。对于许多特征，比如较高的身高，我们可能永远无法知道它们究竟是环境选择，还是性选择的结果。其他特征则显而易见。比如在疟疾流行地区，五分之一的人具有 G6PD 基因的一个变体，因为它能赋予人体对于寄生物感染的 50% 免疫力。另一个例子是肤色：SLC24A5 基因的一个变体与较浅的色素沉着有关，并在欧洲人中常见。所有这些变体最终如何结合起来创造出一个独一无二的人？这是遗传学家希望在未来十年里回答的一个问题。

人之为人的秘密存在于我们的基因组中

41 传粉

开花植物（被子植物）主导着地球的陆地植被，创造出从温带草原到热带雨林的各种栖息地。大多数被子植物利用动物传播花粉，而这个繁殖策略对植物自身以及人类农业来说都至关重要。

开花植物为人类提供了大部分营养。构成我们膳食一半的农作物（诸如水稻、玉米和小麦之类的谷物）通过水或风（非生物传粉）传播花粉，但四分之三的农作物（它们为我们提供了大部分水果和蔬菜）还是依赖蜜蜂和蝴蝶、蝙蝠和鸟类以及其他许多动物帮助传粉。这种密切关系超乎想象地常见：生态学家杰夫·奥勒顿 2011 年的一项调查发现，开花植物的近 88%（数量超过 30 万种）通过传粉者进行繁殖。

花理论 细想起来，生物传粉其实相当“变态”：一个界的生物利用另一个界的生物帮助完成性繁殖。甚至连植物具有性的思想也一度被认为是下流恶心的，而这一思想源自于一众德国植物学家的一系列观察。其中最早的是鲁道夫·雅各布·卡梅拉留斯，他在 1694 年描述了花的雄性和雌性生殖器官。18 世纪 60 年代，约瑟夫·戈特利布·克尔罗伊特描述了花粉，并在植物之间转移花粉粒以创造杂种，表明昆虫在异花传粉中可能扮演了一个角色。

大事年表

1694 年
卡梅拉留斯首次描述开花植物的生殖器官

18 世纪 60 年代
克尔罗伊特进行植物杂交实验，表明昆虫在其中的重要性

1793 年
施普伦格尔的花理论奠定了传粉生物学的基础

克里斯蒂安·康拉德·施普伦格尔在1793年的《在花的结构和受精中发现的自然秘密》一书中将传粉生物学变成了一门科学。在研究了超过460个物种后，他发展出一个思想，即各花朵特征似乎是专门设计成为了吸引昆虫。在施普伦格尔之前，大多数植物学家相信，动物造访花朵只是出于偶然，所以像花蜜这样的东西应该对植物来说有着某种用处。但施普伦格尔提出，花瓣上的彩色图案就像在说“嗨，这里有花蜜”，指引昆虫前往甜美的奖赏，同时使其顺道经过满是黏性花粉粒的雄蕊。施普伦格尔还认为花是在欺骗昆虫，所以植物是傀儡师，而昆虫是它们的傀儡。施普伦格尔的工作经由达尔文而广为人知，后者在1862年的《兰科植物的受精》一书中重点研究了约占被子植物总数十分之一的兰科。科学家后来还发现，花为传粉者提供了各种营养物质——除了花蜜中的碳水化合物，花粉也是一个蛋白质来源。我们现在知道，有些关系是专一的，比如丝兰与丝兰蛾，但许多植物要多情得多，会利用众多动物来传播花粉。

“蜜蜂和其他昆虫在花间觅食的同时也为它们传粉……这在我看来是大自然最值得称道的安排之一。”

——克里斯蒂安·康拉德·施普伦格尔

植物的生活史 动物的性涉及父母或配子（精子或卵子）的直接接触，陆生植物的繁殖则要更为复杂。它们的生活史由两个交替的世代构成：配子体制造携带单倍体基因组的配子，孢子体生成具有二倍体基因组的孢子。诸如蕨类和苔藓之类的古代植物将所有孢子散播出去，但被子植物只传播花粉（雄性小孢子），同时雌性大孢子（胚珠）由被孢子体亲本承载和滋养的配子体发育而成。受精出现在花粉落在孢子体的雌性生殖器官之后，并由此生成种子。种子植物要么是被子植物，要么是

1873年
德萨波塔提出与昆虫的共同演化造就了被子植物适应辐射

2000年
拟南芥成为第一种完成基因组完整测序的植物

2009年
克雷佩和尼克拉斯表明被子植物的多样性并非源自一次突然的适应辐射

花受精

传粉使雄性花粉粒附着于雌蕊。花常常是雌雄同体的，但许多植物更倾向于通过来自另一个不同个体的异花传粉进行有性繁殖。花粉包被与雌蕊柱头之间的分子相互作用触发花粉萌发，引起水合作用，使得花粉管沿着花柱向子房方向生长。花粉管会输送多个精子：一个使胚珠中的卵子受精，其他使另外一些细胞受精，促使其分裂。卵子发育成种子内的胚胎，而周围组织发育成果实。

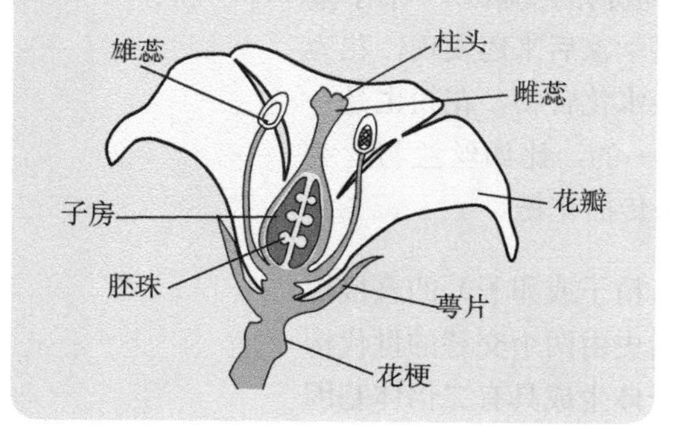

裸子植物。在被子植物中，胚珠周围的部分会发育成为果实，借着这个美味的容器吸引动物帮助传播种子：或者让它们吐掉巨大的核，或者让小的籽粒通过它们的肠胃。裸子植物包括种子由球果保护的针叶树木（比如松柏和苏铁），以及像麻黄这样的“活化石”和只有一个成员的银杏类。演化植物学家威廉·克雷佩和卡尔·尼克拉斯 2009 年的一篇综述表明，裸子植物仅占现生植物物种的 0.3%，而开花植物占将近 90%。裸子植物的生活史非常缓慢，从传粉到受精，慢者需要花费一年或甚至更长时间，而世代时间（从种子到种子），长者可达数个世纪。相较之下，第一个完成基因组完整测序的植物拟南芥（一种开白花的十字花科植物）的生活史只有一两个月。这帮助解释了为什么被子植物会在植物界中占据主导。

被子生物的多样性 对于植物爱好者来说，生命史上最激动人心的事件既不是动物的寒武纪大爆发，也不是恐龙的灭绝，而是“被子植物适应辐射”——开花植物的多样性在白垩纪激增。被子植物的化石记录最早出现在 1.3 亿年前，而到了距今 1 亿年前，它们已经变得分布广泛且多样化。它们的散播看上去如此之快速，以至于达尔文在 1879 年将这称为一个“令人讨厌的谜团”。生物学家威廉·弗里德曼认为，之所以被子植物的快速演化这个个案在达尔文看来构成了对于自己理论的一个一般性挑战，是因为他相信变化只能是渐进的。而如果存在突然的跳跃（骤变），则它们可被阐释为神的创造。在 1881 年的一封信中，达尔文表达了他对于被子植物崛起的看法，称这“显然是非常突然或不连贯的”，因为化石证据一直不完整。

克雷佩和尼克拉斯的综述发现，在过去4亿年里，被子植物、裸子植物和蕨类植物的物种形成、灭绝或多样化的速率并不存在差异。那么为什么被子植物得以变得如此多样化？在1873年的一本书中以及之后与达尔文的通信中，法国古生物学家加斯东·德萨波塔提出，在传粉昆虫与花的演化之间存在一种关联。这一点得到了克雷佩和尼克拉斯的支持，他们发现在被子植物物种、花朵特征以及昆虫的数量之间存在强相关关系。当然，这并不意味着被子植物适应辐射驱动了昆虫多样性（或者反过来），而只是支持了德萨波塔的共同演化思想。这里一个可能的原因是，植物能够使基因组翻倍而几乎不产生不良影响，使得重复的基因有可能演化出新的功能。尽管克雷佩和尼克拉斯没有发现物种变化速率有什么异常之处，但持续的物种形成使得开花植物有可能不断地再造自己。

蜂群崩溃综合征

2006年，美国养蜂人开始报告蜜蜂神秘消失事件：蜂后仍在蜂巢中，但大多数工蜂消失不见了。蜂群崩溃综合征（CCD）的原因众说纷纭，从寄生螨到栖息地丧失，但主要祸根是一类尼古丁类农药（新烟碱类杀虫剂），它们被喷洒在作物上，最终进入植物细胞。2012年，戴维·高尔森发现它们会导致大黄蜂蜂群生长较慢，蜂后减少，而米卡尔·亨利通过使用RFID电子标签跟踪蜜蜂，发现新烟碱（一种神经毒素）会干扰它们的归巢能力。然后在2015年，克林特·佩里通过改变蜂群的年龄结构，在没有化学物质的情况下重现了蜂群崩溃综合征，最终看上去破解了这个谜团。蜂群原本由年长的蜜蜂负责采蜜，而由年幼的蜜蜂负责料理蜂巢，但当年长蜜蜂未能返回时，其他蜜蜂就必须挑起重担。由于年幼蜜蜂不善于采蜜，整个蜂群便面临饥馑的威胁。而如果蜜蜂在存粮耗尽之前未能学会采蜜，整个蜂群就会崩溃。因此，由新烟碱类杀虫剂触发的有经验蜜蜂的损失是导致蜂群崩溃综合征的原因。

开花植物通过操纵动物获得成功

42 红皇后假说

生态相互作用可以是正面的，就像在传粉中那样，但也有很多是负面的，比如捕食者与猎物、寄生物与宿主之间的对抗关系。红皇后假说是生物学中最具影响力的概念之一，有助于解释为什么冲突会驱动两个物种的共同演化。

在刘易斯·卡罗尔的《爱丽丝镜中奇遇记》(《爱丽丝梦游仙境》的续集）中，爱丽丝奋力奔跑，试图赶上红皇后，最终却发现她俩根本没动地方。红皇后解释道，在她的国度，“你必须全力奔跑，才能保持在原地”。近来，这被用作一个隐喻，说明为什么自然选择会驱动对立双方的共同演化：一个物种必须不停适应以回应对手的适应。

恒速灭绝　红皇后假说由美国演化生物学家利·范瓦伦在 1973 年提出。这是一位行为古怪的博学家，写过名为《墨西哥跳跃基因》和《恐龙间的性爱》等歌曲。在研究了各种化石之后，范瓦伦发现，物种的灭绝速率是恒定的，而不论它们已经存活了多久。但这篇论文《一条新的演化定律》被多份学术期刊拒稿，于是他自己创办了一份名为《演化理论》期刊来发表自己的论文。(他还创办了一份《不足道研究期刊》。)

范瓦伦利用红皇后假说（物种必须不停适应，而不论它们已经存活了多久）来解释他的“恒速灭绝定律”，并提出物种之间的冲突创造出

大事年表

1871 年

红皇后的赛跑出现在刘易斯·卡罗尔的《爱丽丝镜中奇遇记》中

1973 年

范瓦伦提出红皇后假说，认为生物冲突驱动共同演化

1978—1980 年

杰尼克和汉密尔顿提出寄生物－宿主冲突可以解释性的演化

一个不断变化的环境，从而通过自然选择驱动演化。范瓦伦将之称为一个零和博弈：这里没有赢家，只有走向灭绝的输家。从那以后，他的隐喻被用来解释各种现象，最有名的恐怕是演化生物学家约翰·杰尼克和 W.D. 汉密尔顿用它来解释性。原始的概念涉及两个物种的成员，但红皇后假说也可用于解释父母与后代的冲突、两性之间的战争，以及自私的基因元件。

“每个物种都是一个与其他物种竞争的零和博弈的参与者……此外，没有物种能够最终取胜，因为总会有新的对手笑着进来替代输家。”

——利·范瓦伦

红皇后假说创造出了天敌。两者的冲突归根结底是为了争夺一个生态系统中的有限资源，尤其是食物，由此形成了“受害者”与从前者窃取资源的“占便宜者”之间的对抗性相互作用。这种占便宜者 – 受害者关系包括所有的寄生物 – 宿主、捕食者 – 猎物以及草食动物 – 植物相互作用。不过，食草动物与植物之间的直接冲突尚不清楚，因为其中存在不止两个对抗方：植物会被多个物种所食。另一方面，寄生物常常只适应一个单一宿主。所以寄生物的“矛”与宿主的“盾”（体现为各自的身体特征和基因变体）之间的关系可以很明显看出是一场互不相让的军备竞赛。

演化军备竞赛 寄生物 – 宿主关系是红皇后假说在起作用的明显场合，一个例子是人类与结核分枝杆菌（导致结核病的病原体）。2014 年，微生物学家通过对 259 个基因组进行测序重建了这种细菌的演化史，结果发现它出现在 70 000 年前，也就是在人类走出非洲之后。随着石器时代晚期人类人口密度的增加，它也在遗传上变得多样化。2005 年，一个人与黑猩猩的 DNA 比对表明编码颗粒溶素（一种对抗结核病的抗生素）的基因在人类体内快速演化，说明这里存在一场军备竞赛。

1978—1980 年

道金斯和克雷布斯通过活命 – 晚餐原则解释捕食者 – 猎物关系

1987 年

韦梅耶提出升级假说来解释化石记录中体现的适应

1999 年

巴诺斯基的弄臣假说强调物理环境的作用

遗传波动

红皇后效应可以驱动宿主和寄生物所携带的基因组合（基因型）频率的变化。具有稀有基因型（生成比如一种病毒尚不能识别的细胞表面蛋白质）的宿主不易受到寄生物感染的侵袭，所以更有可能生存下来并将其基因传给下一代。然后变得常见的该基因型在寄生物加以适应、能够识别之后会变得易受攻击，于是另一种罕见的基因型便被自然选择所青睐。这种青睐罕见基因型的“负向频率依赖选择”会随着时间推移而不断重复。

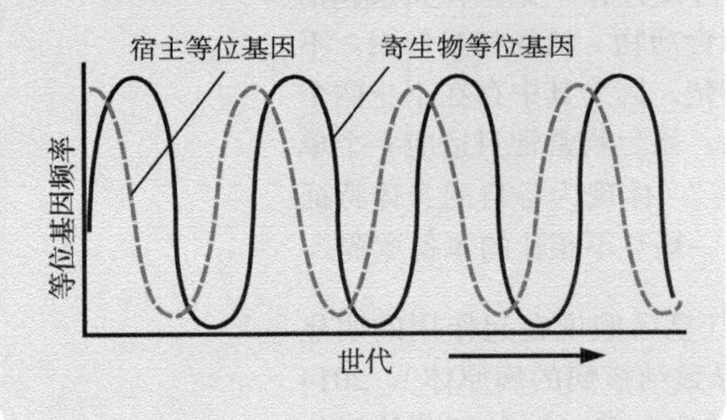

我们从其他物种那里偷来的武器，比如来自霉菌的青霉素（由亚历山大·弗莱明在 1928 年发现），能帮助对付寄生物，但我们的敌人也在全力奔跑，生成对于药物的耐药性，并出现像耐甲氧西林金黄色葡萄球菌（MRSA）这样的超级细菌。

捕食者–猎物关系也存在军备竞赛，但其中的冲突常常不是那么明显，因为自然选择对竞争双方施加的压力并不均等。正如英国生物学家理查德·道金斯和约翰·克雷布斯在 1979 年解释的，“兔子比狐狸跑得快，因为兔子是在为活命而跑，而狐狸只是在为晚餐而跑”。这个“活命–晚餐原则”揭示出落败的不同代价，以及为什么导致兔子落败的突变不太可能在基因库中传播：“狐狸在输掉与兔子的一场赛跑后仍有可能进行繁殖。而一旦在与狐狸的一次赛跑中落败，兔子就再没有机会繁殖后代。”

自然选择主要通过三种方式影响天敌之间的演化。首先，军备竞赛会不断升级，有时会产生夸张的矛和盾，比如象鼻虫的长鼻子和山茶属植物的厚果皮。这种“升级红皇后”式共同演化在化石记录中留下了印记，促使荷兰古生物学家海拉特·韦梅耶提出了他所谓的“升级假说”。军备竞赛的第二种可能场景是“追逐红皇后”，当受害者物种受到强自然选择压力时，它们会演化出新的特征，迫使占便宜者跟上。第三，“波动红皇后”效应出现在基因组合的频率（包括在占便宜者中和在受害者中）随着时间推移而反复起伏时。

终结战争 在告诉爱丽丝“你必须全力奔跑，才能保持在原地”后，红皇后接着说：“如果你想去别的地方，你必须以至少快一倍的速度奔跑！”那么生物如何摆脱冲突？猎物迁徙可能会迫使捕食者去寻觅新的食物，宿主也可能会对寄生物产生完全的免疫力。但如果占便宜者杀死了太多的受害者，涸泽而渔，这可能会导致共同灭绝，所以寄生物的致病力或捕食者的捕食效率也会对冲突的结果产生影响。双方也可以暂时休战，尽管不是持久和平，就像我们自己与人体微生物区系中的一些细菌之间那样。

人体微生物区系

2012年，人体微生物区系计划的科学家揭示出存在于我们体内、与我们密切相关的生物多样性。他们通过DNA测序表明，微生物区系为了占我们的能量源的便宜，特别是我们生产的碳水化合物，定居在人体生态系统中。比如，数以千计的微生物生活在肠道中，细菌细胞的数量甚至超过人体细胞一个数量级。我们与它们之间的生态相互作用因物种而异，但大多数微生物很有可能只是“偏利共生物”，从我们的资源中受益但不伤害我们。有些是会危害我们健康的寄生物，还有些是“互利共生物”：我们给它们一个家，它们则保护我们免受致病病原体的侵害。值得注意的是，尽管我们用像“友好的细菌”这样的标签来标记我们体内的微生物区系，但有些其实是潜在的敌人。从红皇后假说中的占便宜者－受害者关系来看，占便宜者可以是“专性”寄生物，其生活史使它们危害人体；或者“兼性”寄生物，它们会在比如宿主免疫力下降时乘虚而入。

红皇后假说可以解释两个对抗方之间的冲突，但一个群落或生态系统中的多重相互作用要复杂得多。1999年，古生物学家安东尼·巴诺斯基提出，灭绝和物种形成很少发生，除非是为了应对环境变化。他把这称为“弄臣假说”，一方面延续红皇后假说的皇室主题，另一方面也凸显大自然的天威莫测。不过，这两个假说并不相互排斥，因为自然选择是由生物和非生物力量共同引起的。

由冲突驱动的共同演化

43 生态系统

从湖泊、沙漠到雨林、珊瑚礁，每个栖息地都含有一张相互作用的网络，能量和生物量借此得以在环境中流动。这些生态系统包含有限的资源，从而在种群内部以及群落之间引起竞争——这正是自然选择的一个主要驱动力。

在《物种起源》的最后一段中，查尔斯·达尔文将生命描述为一个“树木交错的河岸”，其中生物以“如此复杂的一种方式相互依赖”。英国动物学家查尔斯·埃尔顿在1927年的《动物生态学》一书中扩展了复杂相互作用的思想，提出每个物种都有自己的“生态位”——“它在生物环境中的位置，它与食物和敌人的关系”。但正如英国生态学家阿瑟·坦斯利在1935年所指出的，环境也包括无机部分。他提出，生物要素和物理要素在生态系统（“地球表面自然的基本单元”）中相互作用。

生态系统是生物争夺生态位（归根结底是争夺能量）的战场。地球的主要能量来源是阳光，后者通过绿藻和陆生植物的光合作用被转化为生物量。这些“生产者”捕获能量，储存在碳水化合物的化学键中，而“消费者”则通过呼吸作用释放碳水化合物中的能量，使碳和其他元素返回生物圈。通过一个生物吃食另一个生物，能量从生产者转移到消费者（并从初级消费者转移到次级消费者）。

大事年表

1859年

达尔文将物种之间的相互作用描述为“树木交错的河岸”

1927年

埃尔顿首倡“生态位”和“食物网”概念

1935年

坦斯利提出包含生物要素和物理要素的生态系统概念

食物网 食物链的顶端实际上是一个金字塔的顶端。1942 年，美国生态学家雷蒙德·林德曼将在不同食物链中占据同一个位置的所有生物归到一起，并按位置不同分成“营养金字塔”的不同营养级。底层的自养生物制造自己的食物，上层的异养生物吃食其他生物，而像土壤细菌和真菌这样的腐生生物位于金字塔看不见的地基中，靠分解有机物质为生。能量在转移过程中以热量和废物的形式散失，所以平均生态效率只有 10%。这解释了为什么生态系统包含大量植物，却只有极少量顶级捕食者，以及为什么食物链都很短，通常只涉及四五个物种。

生态相互作用

下图是用于传递能量或生物量的食物网或营养金字塔。上层两个营养级是消费者，底层则由生产者构成（由分解者构成的地基未在图中显示）。食物网包括多条食物链，其中的节点代表“物种”，边代表谁吃谁。强相互作用（粗线）可能代表排他性的捕食者－猎物关系。

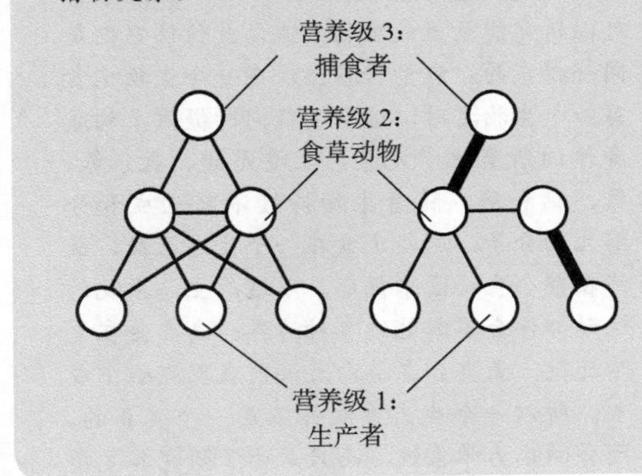

将食物链连接成网是查尔斯·埃尔顿在 1927 年最早做的。食物网反映了达尔文的树木交错的河岸思想，现在更是形成数学模型，以帮助回答各种与生态系统中复杂相互作用有关的问题。比如，外来侵入种如何导致本地种灭绝？栖息地破坏和人类活动造成的气候变化的影响是什么？

多样性和稳定性 为什么我们要拯救物种？环保人士相信“多多益善”：基于对自然的观察，埃尔顿声称，物种构成简单的群落相较于物

1942 年
林德曼使用营养金字塔描述生物之间的能量流

1973 年
梅的数学模型表明自然的食物网不是随机的

1999 年
保险假说揭示出物种多样性如何为生态系统提供稳定性

种丰富的群落更易受到颠覆。一个例子是耕地，人类减少了其中的生物多样性，使其更易受到侵入种的入侵。1955 年，生态学家罗伯特·麦克阿瑟提出，如果存在多重的捕食者－猎物关系，种群更不容易受到捕食者或猎物数量下降的影响。

能量流

不像栖息地，生态系统并不单是地理位置。生态系统的概念是一个类比：生物是一部由能量驱动的机器中的运动部件。所以生态系统是遵循物理定律的热力学系统。由于爱因斯坦的质能方程 $E=mc^2$ 表明能量和质量是等价的，同时质量守恒定律说“物质既不能被创造，也不能被毁灭”，所以生态学家可以研究能量流或生物量流，就仿佛它们是同一样东西。能量转移出现在一个生物吃食另一个生物之时，这个过程同时提供了构成身体的所有化学元素，主要是碳、氢、氧、氮、钙和磷。随着生物持续不断生成和分解生物分子，这些元素在一个生态系统，最终在整个生物圈中循环。不过，生态系统的运动部件会不断越过各种边界：鸟类会在夏季迁徙，鱼类会在游向大海前在珊瑚礁中成长。所以一个生态系统并不是一个真正的、闭合的热力学系统，而只是为了研究其复杂的相互作用方便起见而将之视为如此。

但在 1973 年，澳大利亚理论生态学家罗伯特·梅对这些合乎直觉的观点提出了挑战。他通过数学模型建立了这样一些食物网，其中物种之间相互作用的强度是随机分配的（一个强关系可能代表捕食者只吃一种猎物）。当梅的系统包含的关系越多时，它就会变得越不稳定，表明稳定性是由自然界中特定的相互作用决定的。

田野生态学家则采取了另一个不同的思路。1982 年，戴维·蒂尔曼开始了一项长达 11 年的研究，研究在同一个营养级（明尼苏达州一块草原区域的植物生成的生物量）上的稳定性。他的结果表明，多样化有助于维持食物金字塔，至少在其底部如此。涉及多个营养级的田野实验极为复杂难做，但以细菌和原生生物为对象的小规模研究也表明多样性有助于稳定性。

现在只剩下一个问题。好吧，应该说是两个：生态学家尚未就多样性或稳定性的定义达成共识。不同的物种常常被归到一起，构成一个“功能群”，以便简化相互作用网络，而稳定性也具有多重含义。一个生态系统可以具备抗拒环境条件变化的“抵抗力”，也可以具备受干扰后恢复原来功能的“恢复力”。并且一个稳定的系统也并非是静态的。有些湖泊会在在两个状态（水质清澈或满湖水华）之间切换，反映出在不同藻类之间的一场战斗。所以“生态平衡”的概念其实是不科学的。

相互作用和保险 埃尔顿的复杂食物网思想与梅的表明复杂系统不稳定的模型看似矛盾，但两者可通过物种相互作用的方式加以调和。1992 年，加拿大生态学家彼得·尤齐斯利用真实食物网关系的数据建立具有合理的相互作用的模型，结果表明相互作用的强度是稳定性的关键。强相互作用，比如一种捕食者只捕食一种猎物，可能会导致消费失控，所以稳定的生态系统需要数量众多的弱相互作用，比如杂食动物。

> **“尽管生物可能是我们的主要兴趣所在……但我们无法将它们从其所在具体环境中分离出来，因为它们与其环境构成了一个物理系统。”**
>
> ——阿瑟·坦斯利

此外，尽管某些生物对一个生态系统来说不可或缺，但其他生物可能并非如此。1999 年，理论生态学家谷内茂雄和米歇尔·洛罗提出了一个“保险假说”：更丰富的多样性提高了至少某些物种会对环境变化做出应对的可能性，增加了一个功能群包含一个能够替代另一个重要物种的物种（所谓冗余）的概率。然而，我们很难预测哪些物种对一个生态系统来说不可或缺，而哪些更可替代，所以最安全的举措是假设每个物种都是不可或缺的。说保护物种是一种道德义务的伦理说辞可能无法说服政府，但保护生态系统的最好理由其实是实实在在的：它们也是我们赖以维生的系统。

稳定的食物网具有弱相互作用和多样化物种

44 自然选择

自然选择驱动演化的理论解释了从鸟类到细菌的所有生物是如何适应各自环境的，并从根本上帮助解释了生物多样性。现如今，这个理论常常与一个人联系在一起，那就是查尔斯·达尔文，但它其实原本也有可能成为阿尔弗雷德·拉塞尔·华莱士的发现。

在《物种起源》出版前一年，达尔文收到了一个邮包，里面是一位年轻博物学家阿尔弗雷德·拉塞尔·华莱士所写的一篇文章，以及一封请求听取达尔文意见的信。那是在 1858 年 6 月 18 日，当时达尔文正在肯特郡的家中，为自己有关生存竞争导致演化的理论收集证据。他打开华莱士寄来的包裹，阅读了其中的文章：它勾勒出了一个几乎一模一样的理论。

达尔文感到极为震惊。不久前他还告诉植物学家约瑟夫·胡克不必着急审阅他那本关于物种的“大书”的手稿；现在，他则内心纠结，只好给地质学家查尔斯·赖尔写信求助该怎么做。华莱士那时身在东南亚，但达尔文不想不公正地对待他，他在信中写道：“我宁愿把我的整部书付之一炬，也不愿让他或任何其他人觉得我行事卑鄙。”达尔文当时还有其他事情要担心（他的儿子正在患猩红热），所以胡克和赖尔想出了一个两全办法。1858 年 7 月 1 日，他们在伦敦林奈学会宣读了两篇论文：华莱士的文章以及达尔文的书的一个选摘。在胡克和赖尔这样做后，达尔文和华莱士都表示很满意。

大事年表

1798 年

马尔萨斯提出有限的资源会限制人口的增长

1809 年

拉马克声称物种以个体适应环境的方式演化

1831—1836 年

达尔文乘坐“小猎犬号”进行环球旅行，途中访问了加拉帕戈斯群岛

一个理论的起源 达尔文和华莱士如何会不谋而合，提出同样的理论呢？有一种体验是他们都熟悉的，那就是生物多样性：达尔文花了五年时间乘坐“小猎犬号”完成一次著名的环球航行，研究沿途的地质和自然；华莱士则靠收集标本谋生——在亚马孙河待了四年，在马来群岛待了八年。另一个共同影响是托马斯·马尔萨斯1798年出版的《人口论》：他提出，当人口增速快于粮食增速时，人口数量会受到诸如饥荒和疾病等因素的限制。这启发了争夺有限环境资源的思想。

对于华莱士，自然选择是他在印度尼西亚的一次疟疾发作时灵光一闪想到的。对于达尔文，这则是一个缓慢的认识过程，对此的一个很好例子是他对于在南美西海岸的加拉帕戈斯群岛收集的鸟类所做的思考。这些如今被称为达尔文雀的鸟类具有深色羽毛，各物种的不同主要体现在鸟喙上。达尔文在1839年初版的《“小猎犬号”科学考察记》中几乎没有提到它们，但在1845年的修订版中，达尔文写道：“看

看得见的演化

自然选择不总是一个缓慢而渐进的过程。它有时能在人的短短一生中观察到，一个例子是达尔文雀。自1973年以来，彼得·格兰特和罗斯玛丽·格兰特夫妇一直在研究加拉帕戈斯群岛的大达夫妮岛上的鸟类。在这个小岛上，大约有150对鸟类夫妻需要面对厄尔尼诺-南方涛动现象（其中海面气压和温度发生周期性改变）所施加的环境压力。在1977年的一次干旱导致小种子变得难觅后，只有长着大个鸟喙的鸟儿才能啄开坚果。不到20%的中型地雀幸存了下来，但在1978年，其后代的喙的平均尺寸就变大了4%。这是自然选择在一年里的效应。另一个看得见的演化的例子是理查德·伦斯基的长期演化实验。自1998年以来，他的实验室一直在培养12个种群的大肠杆菌。每过500个世代（75天），一些细菌会被转移到新的烧瓶，而其他细菌会被冷冻以作为该时间点的记录。2008年，伦斯基和扎卡里·布朗特发现其中一个种群已经演化出食用柠檬酸盐的能力，而这种分子原来在正常情况下是不能被微生物用作能量来源的。后来发现这是多个随机突变的结果。到了约32 000个世代（四年），食用柠檬酸盐的种群开始变大，并具有更丰富的遗传多样性。

1854—1862年
华莱士在考察马来群岛时收集了超过12.5万份标本

1858年
达尔文和华莱士分别提出自然选择驱动演化的理论

20世纪30年代
现代演化综论将自然选择学说与遗传学相结合

到在一个小型的亲缘关系密切的鸟类群体中呈现出喙部结构的这种渐变和多样性，我们不免会大胆设想，从这个群岛上最初的少量鸟类中，一个物种机缘巧合，得以进行改造以适应不同的目的。”

“现在对于达尔文理论的质疑只是针对导致物种变化的具体方式，而不是针对变化这个事实。”

——阿尔弗雷德·拉塞尔·华莱士

第一个逻辑自洽的演化理论由让-巴蒂斯特·拉马克提出，他声称物种的“演变”（transmutation）出现在生物在有生之年获得性状之后，而不是通过已经适应环境的个体在竞争中求生存而实现。除了对于偏远岛屿上生物多样性的观察，达尔文还通过研究诸如狗、马和鸽子之类的驯养物种来收集证据支持自己的理论。这时“自然选择”实际上指的是“人工选择”，即选择性育种。1859年，达尔文出版了《论借助自然选择或在生存斗争中保存优良种族的方法的物种起源》（简称《物种起源》）一书。

适合度、过滤器和命运 “适者生存”是现在很多人对于自然选择的理解。这个说法最早由哲学家赫伯特·斯宾塞在1864年提出，华莱士则对其广为流传起到了部分推波助澜的作用。他不喜欢“自然选择”的说法，因为它可能会被字面理解为存在一个有意识的“选择者”，而不是天地不仁的大自然。经过一番纠结后，达尔文在该书1869年的第五版中替换掉了这个说法。华莱士然后梳理了一遍自己手头的旧版，划掉所有的“自然选择”字样，而代之以手写的“适者生存”。对于自然选择的最好总结来自达尔文自己：“增殖，变化，然后让最强者生存而最弱者死亡。”后半句说的是生存，前边的“增殖”说的是繁殖，但生物如何“变化”？自从20世纪30年代，孟德尔的遗传规律与自然选择学说结合成为现代演化综论以后，生物学家已经知道变化的主要来源是突变，它创造出具有不同基因变体组合的个体。而每个“基因型”决定一个“表型”，即影响一个生物的适合度（其生存和繁殖能力）的各种可见效应。

不妨将自然选择看作一系列能够影响基因库中新突变的命运的过滤器。如果突变提高了个体的适合度，比如一个变异能够帮助植物度过干旱，那它就会通过每一个过滤器，经由“正选择”在种群中传播开来。好的突变能帮助一个物种适应环境，所以这个过程也被称为“达尔文选择”。反过来，如果突变降低了个体的适合度（最坏情况：致死），则它会经由“负选择”被阻止。坏的突变于是会从种群中移除，所以这个过程也被称为“净化选择”。而如果一个突变既有益又有害，它能够经由“平衡选择”而得以延续。对此的一个典型例子是导致镰状细胞性状的基因变体：一份突变拷贝能够保护个体免遭疟疾的侵扰，但两条染色体上都存在该突变则会导致镰状细胞贫血。

选择的过滤器

诸如干旱、疾病或寻找配偶等环境压力创造出了自然选择的过滤器。只有具备生存和繁殖能力（适合度）的个体才能通过这些过滤器并留下后代，而这些后代又将面对另一个过滤器。由于环境不断改变通过过滤器的条件，所以生物总是在适应过去的或现在的环境，而永远不会臻于完美。

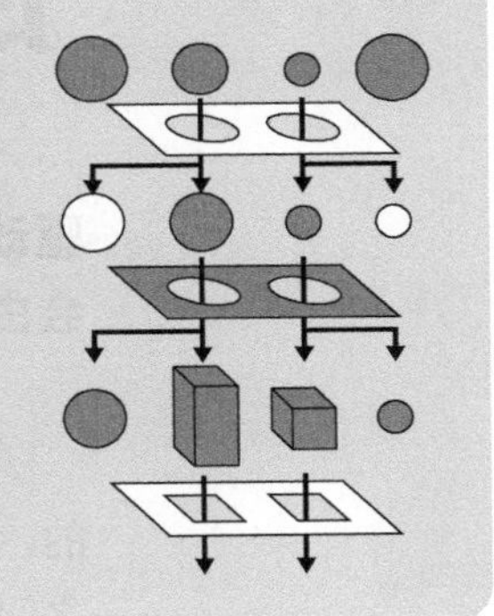

性选择 自然选择也可以根据是谁进行选择加以分类。“性选择”出现在选择配偶时，而“生态选择”则源自环境的任何部分所施加的压力。达尔文对性选择另眼相看，但现代生物学家将它视为自然选择的一部分。性选择是华莱士与达尔文意见相左的一个例子：华莱士相信，雌鸟的色彩更为朴素，这是为了保护它们免受捕食者的攻击；达尔文则相信，雄鸟的色彩更为艳丽，这是为了吸引雌性。尽管自然选择学说的两位发现者在一些事情上意见不一，但他们仍保持着友谊。正如达尔文1870年写给华莱士的一封信中所说：“我希望在思及这一点时你也会感到满足（在我的生活中，没有什么比这更令我感到称心了），即我们从没有嫉妒过对方，尽管在某个意义上，我们是竞争对手。”

物种不断适应不断变化的环境

45

遗传漂变

自然选择驱动演化，但它并不是导致种群随时间变化的唯一驱动力。当个体机缘巧合得以生存和繁殖后，其DNA仍然可能会由于随机遗传漂变而丢失或传播开来。

不同于自然选择学说的发现是达尔文和华莱士在友好的氛围中做出的，遗传漂变理论则源自两位数学天才罗纳德·费希尔和休厄尔·赖特之间的一场冲突。费希尔出生于伦敦，很小就在数字方面表现出天赋，但他近视得厉害，所以练出了非凡的心算能力。赖特在伊利诺伊州长大，他的父亲是一位经济学家和博学家，人送外号“伊利诺伊大草原的达·芬奇”。同样早慧的赖特在入学前就会计算立方根。

费希尔、赖特与J.B.S. 霍尔丹一起创立了种群遗传学，后者也成为由自然选择学说与孟德尔遗传规律结合而成的“现代演化综论”的基础。尽管费希尔和赖特在主要机制（自然选择驱动物种适应）上意见一致，但在细节上存在分歧，其中主要一点是演化如何创造出新的性状。费希尔相信，新特征通过一个种群内的所有成员的相互结合就能更快地产生，赖特则提出“动态平衡说”：新的基因组合和特征通过部分隔离的亚种群相互之间的迁移能够更快地产生。分歧的核心是随机所扮演的角色。费希尔认为它只扮演了一个小角色，赖特则认为它很重要。

大事年表

1930年

费希尔的《自然选择的遗传理论》一书成为现代演化综论的奠基之作

1931年

赖特提出新特征可通过遗传漂变生成的动态平衡说

1942年

迈尔提出由于针对一个种群的随机抽样而导致的奠基者效应

“根据核苷酸置换计算得出的演化速率是如此之高的一个值，以至于其中涉及的许多变异必定是中性的。”

——木村资生

选择、概率和变化 试想在未来某一天，机器人起义终于发生，一部喜欢玩豆子的机器成为了你的主人。它将几十粒红豆和绿豆放入碗中，给你一段时间抓取十粒。身为红豆沙爱好者，你抓了一把几乎全是红豆。机器解释说，种下这些豆子，让它们生长，然后收获它们的种子，并放到一个新碗中。这样连续重复了几个世代：机器偶尔会添加自己的豆子作为突变，而你进行自然选择，试图每次都抓取红豆。

但机器变得厌倦了。现在它不再使用碗，而是命令你从一个袋子里随机抽取豆子，这会出现 11 种红绿豆的可能组合。一开始，两种豆子的平均比例徘徊在 5:5 左右，但随着时间推移，两者的比例逐渐变为 6:4, 7:3, 8:2, 9:1, 10:0。这个比例一直在上升，因为一旦红豆（或绿豆）数量稍微占优，相应颜色的豆子经过种植和收获后数量会越来越多。收获 100 粒豆子并且红绿豆之比为 9:1 时，十粒都是绿豆的概率非常低，十粒都是红豆的结果则更有可能。在这里，豆子代表基因，不同颜色代表不同变体（等位基因），后者会因为从袋中随机抽样而变得更常见或更罕见。

遗传漂变是指由于随机抽样，等位基因频率在世代之间发生波动的现象。1956 年，彼得·布里通过对超过 100 个果蝇种群进行实验展现了这一点。这些果蝇携带红眼或白眼等位基因，并且每个种群的初始频率为 0.5：50%的等位基因是红眼变体。他从每个世代中随机挑选八只雄性和八只雌性，而不管它们的眼睛颜色，用它们繁衍下一代，并如此培育了 19 个世代。结果到最后，四分之一的种群失去了红眼等位基因，另外四分之

1956 年

布里的实验揭示出果蝇种群中的遗传漂变

1968 年

木村资生提出分子演化的中性学说以解释突变率

1973 年

太田朋子提出针对略微有害的突变的近中性学说

一的种群全部都是红眼，剩下一半种群的等位基因频率依然是0.5。

中性学说 达尔文知道演化不是由自然选择唯一驱动的。他在《物种起源》中写道："既无用也无害的变异不会受到自然选择的作用，而会留下成为一个波动的元素。"尽管他当时谈论的是身体特征，但这也是对于遗传漂变的一个惊人准确的描述。在遗传学中，变异是突变产生的等位基因，而新突变的命运由选择或概率（自然选择或遗传漂变）决定。两者都能够导致一个突变从基因库中丢失，或者传播开来，直到它被所有个体都携带（"固定"在一个物种中）。

一个突变的命运取决于它如何影响生物的适合度，即这个生物的生存和繁殖能力。尽管我们常说突变有好有坏，但它们也可以是中性的。长久以来，许多研究者一直假设，自然选择会推动大多数好的突变在基因库中传播。然后在20世纪60年代，测序技术使得科学家能够阅读蛋白质以及进而DNA中的字母，使他们能够比较不同物种中的同一种分子，并统计出差异的数量。1968年，日本遗传学家木村资生利用这些数据计算出人类和果蝇基因组中的核苷酸置换（单字母置换）。他发现存在如此之多的突变，看上去不太可能它们全都是通过自然选择选中的，而应该是通过随机遗传漂变积累起来的。

瓶颈

当种群规模缩小时，对于剩余个体的一个随机抽样会给出较少的变异。这种低遗传多样性的一个后果是，自然选择可用的原材料变少，从而出现拥有可能让种群适应环境变化的突变的幸运个体的概率变少。这会促使濒危物种走向灭绝。瓶颈也可通过演化生物学家恩斯特·迈尔1942年提出的"奠基者效应"导致物种形成。迈尔曾批评费希尔、赖特和霍尔丹的种群遗传学数学模型为"豆袋遗传学"（因为他们将基因视为袋子中分立的豆子以简化模型），所以"奠基者效应"归根结底源于遗传漂变便不无讽刺了：进行殖民的个体携带的是针对原始种群的等位基因的一个小样本，所以一些等位基因可能会由于概率而丢失或传播开来。人类中的一个例子是非洲人群中的亨廷顿舞蹈症。这种神经系统的遗传疾病通常情况下很罕见，但南非白人的发病概率却异常之高，这是因为在1652年来到那里的荷兰殖民者中，有一个人不幸携带了导致该疾病的等位基因。这个等位基因会被自然选择所忽略，因为人们在意识到携带它之前就已经生育和传递了它。

波动的等位基因频率

当一个等位基因（基因变体）由于针对每个世代的随机抽样而随着时间推移在一个种群中变得更为常见或更为罕见时，遗传漂变便发生了。从0.5的初始频率（即一半个体携带某个等位基因）开始，它可以要么在平均频率上下波动（中），要么被种群中所有个体所遗传（上），要么从基因库中被移除（下）。

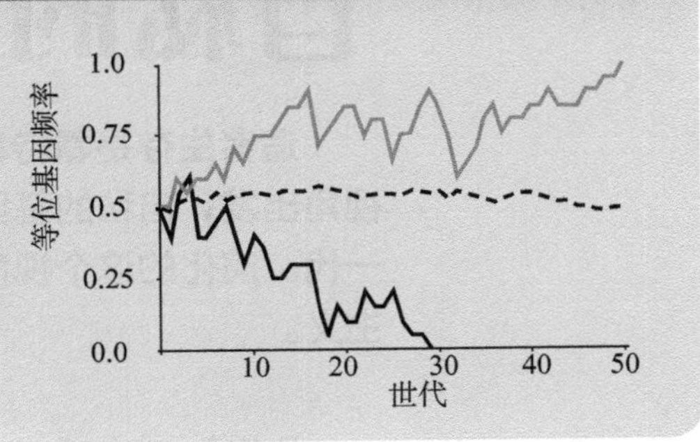

木村资生的分子演化中性学说后来由太田朋子在1973年加以完善，后者进而提出，甚至略微有害的突变（那些对于适合度具有较小影响的突变）也会被自然选择所忽视。

种群规模　那部豆子机器现在决定你只能从袋子里抽取四粒豆子，使得可能得到红绿豆比例分别为0:4, 1:3, 2:2, 3:1或4:0。通过随机抽样，抽到全是红豆或绿豆所需的时间会大幅缩短。如果机器然后又改回让你从碗里抓取豆子，但你只能快速抓取四粒而不是十粒，那你更有可能偶然间抓到一把绿豆。自然选择的强度受到种群规模的影响。小群体更易受到随机抽样和遗传漂变的影响，而这会造成瓶颈效应，减少遗传变异。中性学说解释了不受自然选择作用的“隐形”突变的命运，这些突变或者对适合度几乎没有影响，或者由于种群规模小而导致随机抽样和遗传漂变。

物种可单靠随机概率而演化

46 自私的基因

适者生存是看待自然选择的一种方式，另一种则是从基因的视角出发，自私的基因利用携带它们的生物进行复制，并传给下一代。演化的这个视角可以帮助解释一种无私的社会行为：利他主义。

理查德·道金斯 1976 年出版的《自私的基因》一书总结了之前生物学家的工作，使“演化的基因中心观”广为人知。在这个视角下，我们可以将自然选择看成一个迫使不同变异相互竞争，而生存下来的变异通过携带它们的个体进行复制的过程。自然选择同时作用于一个个体及其基因，两者的关系就像一部赛车与其部件。之前一直研究动物行为的道金斯决定在书中主要关注如何利用基因中心观来解释利他主义。

为什么我们会帮助别人？为什么一个生物应该去帮助另一个？根据行动者与接受者各自的成本和收益，社会行为可分为四类：互利行为对双方都有利，互害行为对双方都有害，自私行为有利于行动者，而利他行为成本高昂。利他者需要耗费资源，从时间、食物到终极成本：自我牺牲。善心和慈善涉及对于他人福祉的一种关心，但各种涉及情感的解释显然不适用于不具有心智的动物。

群体选择　自然选择是“适者生存”，但最适合的什么？最适合的基因？个体？群体？科学家一度假设大自然能够在任何层级上移除不适

大事年表

1859 年	20 世纪三四十年代	20 世纪 60 年代
达尔文提出针对家族的利他主义可解释社会性昆虫的形成	种群遗传学家表明演化如何影响基因库中的变体	演化生物学家认为群体选择无法解释利他主义

收养

将其他父母所生的后代视若己出（收养）的现象，已经在超过60种哺乳动物中报告发现过。作为利他主义的一个例子，它可被用来检验汉密尔顿的广义适合度理论，而按照该理论，养父母更有可能收养与自己亲缘关系近的孤儿。不过，野外观察得到的结论往往不明确，因为难以计算生活在群体中的收养者的广义适合度成本，毕竟这样的利他行为还可以带来与广义适合度无关的其他好处，比如巩固社会关系。绕过这个难题的一种方法是，研究独居的“非社会性”物种，比如红松鼠。2010年，加拿大生态学家杰米·戈雷尔及其同事回顾了19年间在同一区域收集的2230窝松鼠幼崽的数据，发现没有近亲的孤儿从来不会被收养。研究者只确认了五次收养，而基于已知的家谱和基因测试，他们表明孤儿与养父母之间总是存在至少12.5%（相当于表兄弟）的亲缘关系。因此，汉密尔顿法则可以解释非社会性动物当中偶然出现的利他行为。

合的实体，所以利他主义可被解释为生物为了“群体利益”或“物种利益”而如此。比如，动物学家V.C. 温-爱德华兹就在1962年提出，个体会有意限制自己的生育率，以最小化对于种群的负担。但在20世纪60年代，像乔治·威廉斯等演化生物学家批驳了这种幼稚的群体选择论。其中的一个问题是，一个利他者群体容易让作弊者乘虚而入，后者于是可以不付出成本就获得合作的好处。种群遗传学的三位创始人（罗纳德·费希尔、休厄尔·赖特和J.B.S. 霍尔丹）针对基因库也给出了类似的论证。所以利他主义需要一个更好的理论解释。

亲缘选择 为什么我们要关心自己的孩子？尽管养育和教育孩子费时费力费钱，但人们还是说这是有回报的。那么回报到底是什么？达尔文注意到对于繁殖的需求存在一个例外：诸如蚂蚁、白蚁和蜜蜂等昆虫

1964年
有关广义适合度的汉密尔顿法则揭示出利他行为出现的条件

1970年
普赖斯提出用于研究各种自然选择效应的公式

1976年
道金斯的《自私的基因》一书使演化的基因中心观广为人知

能够形成社会，其中就包含无生育能力的工蚁（蜂）。他在《物种起源》中暗示道，这个“麻烦”在考虑到“自然选择可能不仅作用于个体，也作用于家族”后就会迎刃而解。1964 年，生物学家约翰·梅纳德·史密斯将这称为“亲缘选择”。

当一次被问及他是否愿意冒着生命危险去救一名溺水的兄弟时，J.B.S. 霍尔丹曾巧妙答道：“不会，但我会去救两名兄弟或八名表兄弟。”1955 年，他用一个影响跳河救人的假想的基因解释了这种亲吾亲的做法。由于父母将染色体传给后代时基因是随机分配的，你与你的兄弟姐妹有 50% 的 DNA 是相同的，与你的表兄弟则是 12.5% 相同（所以八名表兄弟正好是 100%）。亲缘选择解释了为什么“血浓于水”。

> **“我们都是生存机器——在不知情的情况下被编程的机器人车辆，目的只是为了保存那些我们称为基因的自私的分子。”**
>
> **——理查德·道金斯**

广义适合度 利他主义对自然选择来说是个麻烦的问题，因为它的成本降低了个体的生存和繁殖能力（适合度），而自然选择原本应该只在利他主义能提高个体的适合度时才青睐它。英国演化生物学家 W.D. 汉密尔顿意识到这一点，并将利他主义所带来的收益称为“广义适合度”，这是一个取决于亲缘关系远近的量。汉密尔顿的模型本质上问的是：什么时候一个亲属所获得的收益超过了你自己所付出的成本？这个模型可被简化为一个方程，即现在所谓的汉密尔顿法则：$rB>C$，其中 C 是一个行动者的广义适合度所花费的成本，B 是其收益，r 是行动者与接受者的亲缘系数（相同基因的比例）。由于收益要乘以亲缘系数（$r \times B$），所以当行动者和接受者是近亲时，利他行为更有可能出现。

汉密尔顿在达尔文的“麻烦”上检验了自己的理论。在这些真社会性昆虫中，社会分工通常包括一只产卵的蚁（蜂）后，以及数以千计、万计，乃至百万计的不育工蚁（蜂），后者从事像外出觅食和养育幼虫之类的工作。人类是具有两套基因的“二倍体”，而社会性昆虫常常是“单倍二倍体”，因为蚁（蜂）后操纵受精过程，所以姐妹之间的亲缘系数为 75%，相互之间更有动力互利互惠。汉密尔顿发现广义适合度可以解释昆虫的真社会性，但他的方程也存在缺陷。1970 年，美国种群遗传学家乔治·普赖斯提出了一个新的公式（普赖斯公式）来解释各种自然现象。汉密尔顿也借此改进了自己的工作。

亲缘选择提高广义适合度，是通过使得一个个体能够针对具有与自己相同基因的亲属实施利他行为而间接使自己的基因传递给下一代。那这实际上是怎样起作用的呢？汉密尔顿最初提出了两种方式。在有限散布（个体都生活在同一区域）的情况下，个体预期相互都是亲属，所以利他行为会出现。另一种方式（亲缘辨别）则要更麻烦些，正如《自私的基因》中的一个思想实验所揭示的：如果亲属可通过显眼的绿胡须相互辨别，这个策略一开始是有效的，但它很快难以防备作弊者（“假胡须”）的搭便车。利他者也最终会变成选择携带“胡须基因”（及其相连锁基因）本身的个体，而不再基于亲缘关系。

人类和蚂蚁中的亲缘关系

下面是一个雌性个体（星号）与其近亲之间的遗传相似性家谱。在人类（右图）中，每个个体都是“二倍体”，继承了两套基因（每个亲本各一套），并且性别由 X 和 Y 染色体决定。一位女性与其父母或兄弟姐妹之间的遗传相似性为 50%，与其侄女或侄子的相似性为 25%。像蚂蚁（左图）这样的社会性昆虫常常是“单倍二倍体”，性别取决于卵子是否使用来自精子的染色体：受精卵是二倍体，发育成为雌性；未受精的卵子只有一套基因，发育成为“单倍体”雄性。一个雌性个体与其姐妹的遗传相似性为 75%，但与其兄弟的相似性只有 25%。

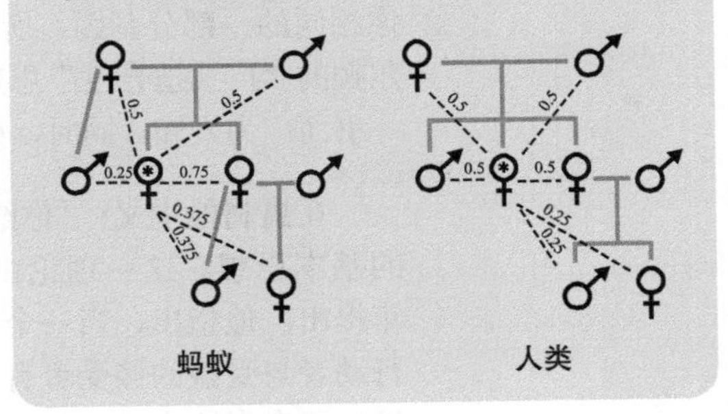

个体的利他行为是由自私的基因所驱动的

47 合作

亲缘选择（帮助那些拥有与自己相同基因的个体）解释了亲属之间的利他主义。但合作行为也可以发生在无亲缘关系的个体之间，甚至完全不同物种的成员之间。利他主义如何能在这些情况下演化出来？对此的一种解释涉及能使双方都获益的“互惠利他主义”。

在自然界中，利他行为在亲属之间非常常见。你的生存能力受制于你所掌握的资源，所以将已经有限的资源花费在其他个体身上会给你自己带来“适合度成本”。但生物学家 W.D. 汉密尔顿通过数学表明，如果你帮助的是一位亲属，这样做的收益就有可能抵消成本——他们具有与你相同的一部分基因，所以在某种意义上，你也是在帮助你自己。汉密尔顿的“广义适合度”思想通过理查德·道金斯 1976 年的《自私的基因》一书而广为人知。同时，该书也描述了解释非亲属间合作的主流理论。

互惠利他主义 “你给我抓背，我也给你抓背”，这是互惠利他主义的基本思想。这一理论由美国社会生物学家罗伯特·特里弗斯在 1971 年提出。他指出，当一个社会互动不是简单一次性的，实施利他行为的行动者与受益的接受者有可能会再碰面时，合作行为的成本收益分析就发生了根本性改变。

大事年表

1964 年
汉密尔顿的广义适合度理论通过亲缘选择解释利他主义

1971 年
特里弗斯提出通过互惠利他主义解释非亲属间合作

1974 年
特里弗斯提出父母与后代会因资源分配而产生冲突

互惠抓背的一个明显例子是灵长类动物相互梳理毛发。另一个不那么直接的例子是各种清洁鱼与其宿主，它们之间是一种“互利共生关系”，因为两个物种的适合度都得到提高：宿主从清除寄生物中获益，清洁鱼则得到食物。不过，这种关系的其他层面确实看上去是利他的。有些宿主允许清洁鱼进入自己的嘴中，而不吃掉它们，并且甚至耗费能量和冒着危险（适合度成本）驱逐对于清洁鱼的威胁。

投桃报李 特里弗斯的理论提出，合作能够通过一个正反馈回路演化出来，即在一个行动者向另一个接受者提供最初的“帮忙”后，对方也投桃报李，以相应“帮忙”回报（此时接受者变成了行动者）。如果这样的重复互动提供了适合度收益，与合作行为相关的基因就会在种群中传播开来。但就像利他主义，合作也提出了一个演化难题：靠什么阻止作弊者从中渔利？是什么让一个宿主控制住自己，像其他同伴那样，不把嘴里的清洁鱼当点心？由于这样的作弊者可以节省下资源，将之用于他处以增加自身的适合度，所以它们的自私基因（及相应行为）按理应该在宿主的基因库中传播开来，变得普遍。

遗传冲突

合作可能在亲属之间很常见，但即便是亲缘关系最密切的个体（父母和后代）之间也可能会发生冲突。像许多自然界的冲突一样，这归根结底是源于对于有限资源的争夺。这个思想也是建基于W.D. 汉密尔顿的亲缘关系数学：后代与父母每方有50%的基因是相同的，与兄弟姐妹最多只有50%是相同的，而与自己则是100%相同的。所以后代会自私地牺牲兄弟姐妹以为自己谋利，而父母会力求在当前的和未来的后代之间平均分配资源。1974年，罗伯特·特里弗斯提出，这导致父母与后代就应该为每个后代分配多少资源产生冲突。20世纪90年代，特里弗斯还研究了一个生物的基因组与其自私的基因元件之间的冲突，后者是基因组中的寄生物，可能危害到宿主，并构成废弃DNA的一部分。2008年，他与演化遗传学家奥斯汀·伯特就此合著了《冲突的基因》一书。

1980年
阿克塞尔罗德的博弈锦标赛为研究合作行为提供了洞见

1981年
阿克塞尔罗德和汉密尔顿在《合作的演化》一文中将适合度与博弈相结合

2009年
克拉顿-布罗克提出互惠利他主义在自然界中并不常见

所以一个对于互惠利他主义的更准确描述是："你帮我忙，我也帮你忙——在稍后的时候。"这里的"稍后"部分非常重要，因为它在相互帮忙之间引入了一个延迟，给了利他者时间去发现群体中的作弊者，加以区别对待，甚至加以惩罚：或者不再与其合作，或者对其主动攻击。在一个充满这样精明的利他者的群体中，"作弊基因"自然不会被自然选择所青睐。特里弗斯据此提出，互惠利他主义对于社会行为有着更广泛的影响，它还能够解释诸如感激、信任和怀疑，以及内疚和"弥补"等行为。因此，公平和正义有可能通过生物互动演化出来。

囚徒困境

在这个经典博弈中，设想警方逮捕了一个犯罪团伙中的两名成员，但没有足够证据指控两人有罪。他们将嫌疑人分开审讯，并提出同样的条件。如果两人都保持沉默（选择合作），每人需要判刑一年。如果其中一人认罪，并担任检方的污点证人（选择背叛），而对方保持沉默，背叛者可以获得自由，而对方会被判刑十年。如果两人都认罪，交易取消，每人都会被判刑两年。

以牙还牙 互惠利他主义理论还得到了博弈论相关研究的支持。博弈论研究策略和决策过程，其应用不只局限于生物学，而是已经扩展到从经济学到核威慑等各个领域。其最著名的思想实验是"囚徒困境"，其中两名玩家可以要么选择合作以分享较小的收益，要么赌一把（选择背叛）以追求大得多的个人收益，但如果两个人都相互检举，他们就会受到较大的惩罚。

1980年，政治学家罗伯特·阿克塞尔罗德组织了一场重复博弈的囚徒困境锦标赛。每个参赛者是一种算法（一套指导玩家按本能应该如何行动以及对于对方的行动又应该如何回应的指令）。然后参赛者根据超过200次重复博弈的结果计算得分。一个由数学家阿纳托尔·拉波波特提出的策略始终名列前茅：玩家重复地选择合作，除非对方选择背叛，这时他就会在下一次博弈中选择背叛以惩罚对方，并且只有在背叛者意识到错误之后才会回头选择合作。拉波波特的"以牙还牙"算法与互惠利他主义之间的相似性启发了阿克塞尔罗德去与"广义适合度"的提出者 W.D. 汉密尔顿展开合作，并在 1981 年的论文《合作的演化》中将自然选择与博弈论结合起来。

> “正义有其生物学根源，而并非某种武断的社会建构。”
> ——罗伯特·特里弗斯

只是互利共生或操纵？ 几十年来，互惠利他主义一直被广泛接受作为非亲属间合作的可能解释。然而，也有一些生物学家一直相信，除了人类之外，动物并不通常交换资源或服务。在 2009 年的一篇综述中，英国动物学家蒂姆·克拉顿 - 布罗克重新审视了一些经典例子，发现它们无一能够达到他对于判断是否表现出确定无疑的利他主义的严格标准，所以他得到结论，非亲属间合作的许多例子很有可能其实只是互利共生或操纵。

合作在自然界中很罕见吗？这个问题很难回答，部分因为行为本身可被加以不同阐释。对此的一个教科书般例子是吸血蝙蝠。1984 年，美国社会生物学家杰拉尔德·威尔金森报告说，当吸血鬼蝙蝠在觅食结束归巢后，觅食成功的蝙蝠有时会将食物反刍给饥饿的同伴，并且这种利他行为往往针对的是亲属。理论生物学家彼得·哈默斯坦提出，与非亲属分享食物是亲缘选择的一个副产品，是亲缘辨别出错的结果，即“亲缘辨别不准假说”；而蒂姆·克拉顿 - 布罗克则提出，分享是群体中其他个体操纵的结果，是受迫于饥饿蝙蝠的不断乞求，即“骚扰假说”。2013 年，威尔金森做了一个为期两年的实验来检验这两个假说。他从 20 只吸血蝙蝠中随机选取一只，让其禁食一天，然后将其放回喂过食的群体中，结果发现三分之二的分享发生在非亲属间（这个比例对亲缘辨别不准假说来说看上去太高了），并且捐赠者比接受者更经常发起食物分享（这与骚扰假说不一致）。至少在吸血蝙蝠中，合作为双方都提供了适合度收益。所以即便是吸血鬼，它们也并非冷酷自私，不懂分享。

莫耍奸，不然承担后果

48 物种形成

达尔文的《物种起源》重点关注生成演化树的演化机制，却没有真正解释一个分支是如何变成两个的。尽管这个过程被称为物种形成“事件”，但它实际上是一种缓慢而渐进的分裂，最终导致一个种群的成员之间不再能相互交配。

在我们能够回答新物种如何形成的问题之前，我们必须先问另一个问题：“什么是物种？”分类学家根据生物的共同特征（比如形态学）将它们分类，但许多生物学家更倾向于“生物学种概念”，后者因演化论者和鸟类学家恩斯特·迈尔而广为人知。在 1942 年出版的《系统学与物种起源》一书中，他将物种定义为能够相互交配的种群。

在动物、植物和其他有性繁殖的生物中，新物种的形成主要有两条途径。其一是同域物种形成，在一个种群中出现基因不同的个体，最终形成两个具有重叠分布区域的生殖隔离的物种。一个例子是中部非洲大湖地区的丽鱼科鱼类，雌性对配偶的挑选驱动性选择，创造出不同的群体。其二是异域物种形成，一个种群被地理屏障所隔离，然后各自独立演化。这被认为是大多数物种形成事件发生的方式。还有其他一些新物种形成的途径，但我们往往很难证明两个群体不曾在过去的某个时间点被地理隔离。

大事年表

1889 年

华莱士提出物种形成过程因杂种适合度变差而得到强化

1937 年

杜布赞斯基提出基因差异导致杂种不育

1942 年

迈尔提出生物学种概念和奠基者效应

地理隔离 当一个地理屏障（或许是一条高耸的山脉、一片冰川，或甚至一条新建的道路）将一个种群物理分裂为两个后，异域物种形成便开始了。屏障不需要是永久性的，只需要持续足够长久以触发两个“雏物种”形成的过程即可。甚至迁移也可能触发异域物种形成，如果一个种群中的一些成员成功越过了它们正常情况下无法通过的屏障，它们就能够填补一个新的、空缺的生态位。演化生物学家彼得·格兰特和罗斯玛丽·格兰特夫妇苦心研究超过40年的达尔文雀就是一个著名的例子：十多个不同物种分布在加拉帕戈斯群岛的各岛上，尽管各岛与南美洲大陆相隔绝。2001年，格兰特夫妇与遗传学家合作表明，这些鸟类是暗色草雀（一种分布于中南美洲的鸣禽）的后代。他们认为在约230万年前，在最后一个冰河期期间，这些物种的祖先从南美大陆出发，越过冰川来到那里。

物种诸概念

物种的名称是我们为方便起见给一个生物群体贴上的标签，以说明它们看上去不同于另一个群体。但它只是对于一个不断演化的种群在某个时刻的快照：比如，今天的智人就与20万年前的人类大不相同。在动物和植物中，物种通过是否存在生殖隔离加以定义，但这种“生物学种概念”并不适用于微生物，比如进行无性繁殖的细菌。另一种物种理论是“系统发生种概念”，拥有共同祖先的个体构成一个物种。它假设演化关系可被表示为演化树上的不同分支，而这并不总是适用于微生物，因为它们很容易通过横向基因转移交换DNA。尽管如此，有些科学家还是基于对遗传相似性的不无武断的度量来区分微生物。

在实验室中进行的人工选择也为异域物种形成提供了证据。1989年，美国生物学家黛安娜·多德将一个果蝇种群分成两个群体以模拟地理隔离，然后用麦芽糖喂养一个群体，用淀粉食物喂养另一个。当一年

1973年
格兰特夫妇开始研究加拉帕戈斯群岛上达尔文雀的演化

1989年
科因和奥尔描述了果蝇不育的遗传学

2006年
戴维·巴巴什在有亲缘关系的果蝇物种中发现杂种不育基因

后再次将它们混养时，麦芽糖群体的果蝇更偏好与其他“麦芽糖果蝇”交配，而淀粉群体的果蝇也更偏好选择“淀粉果蝇”。隔离改变了它们的性行为——地理屏障创造出了生殖屏障。

生殖隔离 是什么阻止了雏物种在重聚后进行相互交配，从而重新成为一个单一种群？如果在交配前或后存在屏障，导致生殖隔离，物种形成就会继续。一个交配前影响因素是通过视觉和听觉辨别同类的能力：比如，格兰特夫妇就在20世纪80年代观察到，雄性达尔文雀只会接近播放自己物种的歌曲的扬声器。

“物种是一个实际上或潜在能够相互交配，并与其他这样的群体生殖隔离的自然种群。”

——恩斯特·迈尔

两个种群的成员交配会形成杂种。如果杂种健康发育，并且能够繁殖后代，其父母就不是来自不同物种。这是生物学种概念的核心，最早由种群遗传学家特奥多修斯·杜布赞斯基在1935年提出。杜布赞斯基还发展了“基因库”思想，基因库是一个物种的所有个体所携带的全部基因。如果种种屏障阻碍了基因流在一个种群中的流动，物种形成便会出现。导致这种情况的一个方法是改变染色体的数量：大多数个体具有一对分别遗传自两个亲本的染色体，但有些会携带多个拷贝，成为“多倍体”。这种现象在植物中比较常见，但在动物中并不多见。1937年，杜布赞斯基提出，生殖屏障可通过不育的遗传变异的积累而创造出来。赫尔曼·穆勒（第一位在果蝇中诱导出变异的科学家）也在1942年得出了相似结论。杂种不育的杜布赞斯基–穆勒模型在20世纪80年代被美国遗传学家杰里·科因和艾伦·奥尔证明是正确的。在将两种有亲缘关系的果蝇杂交后，科因和奥尔确定出多个影响后代是否可育的遗传因素。

华莱士效应和奠基者效应 英国博物学家阿尔弗雷德·拉塞尔·华莱士不仅与达尔文一道提出了自然选择学说，还创立了生物地理学（研究物种如何分布的学科），并对物种形成理论做出了贡献。在1889年出版的《达尔文主义》一书中，华莱士提出，一旦两个种群已经分化达到每个都很好适应了各自环境的程度，杂种的适合度反而会变差，导致它们会被自然选择所清除。这个过程强化了两个已经进入物种形成后期的雏物种之间的差异，如今它被称为华莱士效应。

生殖隔离也可通过遗传漂变被概率所驱动。迁移到一个新环境的个体，比如来到加拉帕戈斯群岛的达尔文雀的祖先，是一个更大种群的一个子群。这样小规模的随机抽样使得新物种的初始基因库只包含少得可怜的变体，从而限制了其早期演化的可能性。这种所谓"奠基者效应"由恩斯特·迈尔在1942年提出。

物种相揖别

下图是物种形成的两条主要途径。同域物种形成是在一个群体中出现基因不同的个体，并由于某种原因不再相互交配，最终形成两个具有重叠分布区域的物种。异域物种形成是一个种群被地理屏障所分开，然后各自独立演化。

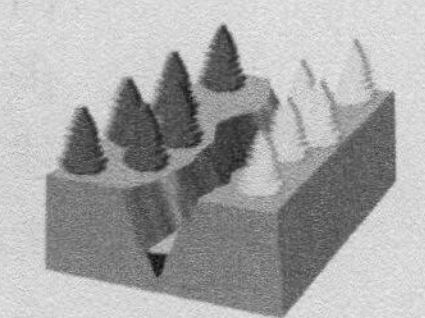

同域物种形成　　异域物种形成

不管驱动隔离的过程是什么，最终的结果都是两个物种的生殖系统变得不亲和，使得卵子不能辨识精子而导致无法受精。再后来，两者的性器官也不再匹配。随着两个种群的差异随时间推移而积累得越来越多，演化树上的这两个分支便愈行愈远，最终甚至连不是生物学家的人也能够认出它们是不同的物种。

屏障造就新物种

49 灭绝

尽管我们星球上现有的生物多样性可能已经令人叹为观止，但它只是地球生命史上的生物多样性的沧海一粟：超过99%的物种已经在历史长河中消失了。其中绝大多数都是缓慢走向灭绝的，但也有些物种不幸遭遇大灭绝事件，相对快速地消亡了。

灭绝是一种自然现象。考虑到当前人类活动导致的物种消亡的速率，这一点很容易被忘记。不论出于什么原因，如果一个种群的死亡率高于出生率，它将最终走向灭绝。随着群体规模缩小，近亲繁殖越来越多，基因库因为所含的变异越来越少而变得愈发单薄。遗传健康状况不佳导致生物更少可能在面对自然选择时幸存下来，它们会或者死于疾病，或者在与其他生物竞争时落败。灭绝的正式时刻是当一个群体的最后一个现存成员死亡之时，但一个种群有可能在此之前很久就已经实质上灭绝了——由于数量太少，它们已经无法繁殖后代。

物种灭绝　不论触发因素是自然的还是人为的变化，灭绝的根本原因始终是同一个：一个物种没有适应其环境。比如，侵入种可能通过迁移而来，也可能被人类引入，而干旱可能源于正常的天气周期，也可能源自人类活动造成的气候变化。物种也可能因某种连锁效应而灭绝，如

大事年表

约 4.4 亿年前

奥陶纪大灭绝导致 86% 的物种灭绝

约 3.6 亿年前

泥盆纪大灭绝导致 75% 的物种灭绝

约 2.51 亿年前

二叠纪大灭绝导致 96% 的物种灭绝

果它所依赖的某样东西从其生态系统中消失了：比如捕食者失去猎物，寄生物失去宿主，植物失去蜜蜂。灭绝还可能是物种形成的一个后果：随着演化树的一个分支分裂成两个，这两个后代的祖先随之灭绝。正如新生物通过物种形成粉墨登场，其他一些则通过灭绝而悄然退场。

五次大灭绝

下图是海洋脊椎动物和无脊椎动物的科的多样性随时间变化图，根据劳普和塞普科斯基 1982 年发表在《科学》杂志上的一张插图绘制。在五次大灭绝事件中，科的多样性减少了超过 10%。如今我们将大灭绝定义为物种损失超过 75%。

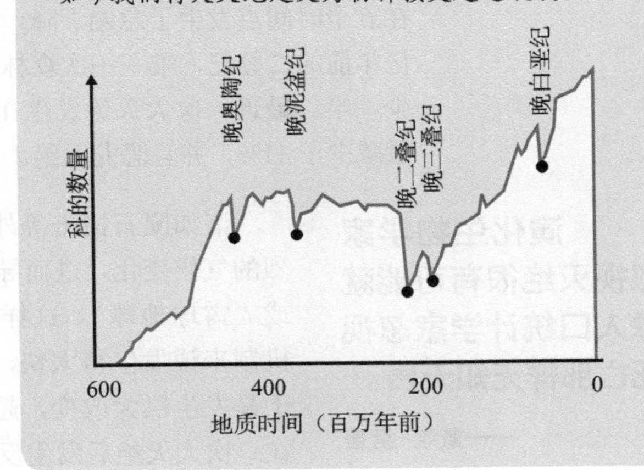

科学家并不是一开始就认为物种会灭绝。在 18 世纪末之前，许多人认为岩石中的化石是现生生物的遗体，而其他人相信上帝绝不会允许自己的造物在地球上消失。如果一种生物无法再被找到，那它要么迁移别处，要么活在其他某个地方。物种灭绝的首份清晰证据由解剖学家乔治·居维叶在 1796 年给出，当时他向法兰西科学院描述了自己在化石骨骼方面的研究。他提出，非洲象和印度象是不同的，而在欧洲和西伯利亚发现化石的猛犸象和乳齿象是象科“失落的物种”。然而，居维叶并不认同物种的渐进“演化”。他认为新物种是在突然的“革命”（将大量物种一扫而空的周期性大灾变）之后趁机崛起的。尽管对于演化，居维叶说错了，但对于大灾变，他说对了。

约 2 亿年前

三叠纪大灭绝导致 80% 的物种灭绝

约 6500 万年前

晚白垩纪的陨石撞击导致 76% 的物种（包括恐龙）灭绝

约 11 700 年前

全新世：潜在的人类活动引起的第六次大灭绝

五次大灭绝　尽管大多数生物是通过缓慢而连续的个体物种的灭绝而消失的，但偶然发生的自然灾害有可能会影响到全世界的生态系统，在一个相对较短的时期里杀死大量物种。古生物学家确认了五次这样的生物多样性遭受重大损失的大灭绝事件。1982 年，美国人戴维·劳普和杰克·塞普科斯基通过计算 3300 科海洋脊椎动物和无脊椎动物的灭绝率，注意到自 5.42 亿年前动物在化石记录中首次出现以来，科的数量在五个时间点发生了急剧下降。其中最大规模的灭绝事件发生在约 2.51 亿年前的二叠纪，唯一一次森林和珊瑚礁几乎消失殆尽，科的多样性减少一半。最近一次大灭绝发生在约 6500 万年前的白垩纪末期，科的数量减少了 11%，并且恐龙灭绝。

“演化生物学家忽视灭绝很有可能就像人口统计学家忽视死亡那样无知无畏。”

——戴维·劳普

诸如陨石撞击等外部因素或火山活动等内部力量引起剧烈的气候变化，进而导致全球变暖或降温，形成“温室地球”或“雪球地球”。这样的变化对于像岩石或植物这样的反馈机制来说发生得太快，以至于它们无法做出及时补偿，环境于是发生巨大改变，超出了许多生物的适应能力。但生命会在一次大灭绝后发生反弹，因为幸存者会占领空出的生态位，所以灭绝也是一个创造过程。

第六次大灭绝　自然保护者警告人们，我们正处在人类活动引起的第六次大灭绝之中。世界自然基金会指出，两大主要人为威胁是栖息地的丧失和退化，以及狩猎和捕鱼造成的过度开发。这次生物多样性危机根据当前的地质时代命名为“全新世大灭绝”。其中最著名的受害者是渡渡鸟，一种不会飞的大型鸟类，它们最后一次被人们见到是在 1662 年：当荷兰人在毛里求斯岛殖民定居时，他们摧毁了渡渡鸟的森林栖息地，并引进了与它们竞争食物的哺乳动物。根据生物学家鲁道夫·迪尔索的统计，自 1500 年以来，已经有 322 种陆生脊椎动物灭绝。而在剩下的物种中，陆生脊椎动物种群的个体数量平均下降了25%，无脊椎动物则平均下降了45%。

从古生物学的角度来看，目前的生物多样性危机还不足以称为大灭绝，但这并不是一个公平的比较，因为之前的五次大灭绝是根据化石计算的，而现生生物可能正在走向灭绝。假设被国际自然保护联盟定为“受威胁”的物种已经走上了不归路，那么灭绝幅度将达到约23%。而基于古生物学家安东尼·巴诺斯基所做的一个假想情景（目前所有的受威胁物种会在一个世纪内灭绝），那么我们会在约300年内达到75%的水平。

去灭绝

得益于克隆技术，长毛猛犸象可能有朝一日重现地球——所谓的“去灭绝”。DNA在生物死亡后会分解，这在温暖环境中发生得更快，所以克隆渡渡鸟或袋狼的成功希望不大，但西伯利亚的寒冷天气可能会保存下猛犸象的身体组织。不过，科学家很有可能不会采用创造多莉羊的技术（将来自体细胞的DNA注入卵细胞中），而是会逆转组织发育，生成干细胞，然后使之转化为卵子，并促使卵细胞在没有受精的情况下开始分裂，最终将胚胎植入亲缘关系密切的代孕母亲体内。这可能听上去有点像科幻小说，但去灭绝已经有成功案例：1999年，西班牙生物学家利用一只代孕山羊克隆了最后一只布卡多野山羊。如果科学家能够说服大象来代孕，或许这些巨兽就能再次漫步在西伯利亚苔原上。

另一种检验我们是否正处在第六次大灭绝之中的方法是，比较目前的物种损失率与自然的正常灭绝率，后者据估计为0.1个灭绝每百万物种年（如果地球上存在一千万种物种，每年会灭绝一种）。2014年，保护生态学家斯图尔特·皮姆计算得出，目前的损失率是正常灭绝率的1000倍。

物种未能适应环境变化

50 合成生物学

2010年5月20日，美国遗传学家J. 克雷格 · 文特尔宣布他的团队制造出了世界上第一个合成细胞。这个微生物代表了基因工程的下一个阶段：不是修改现有生物的DNA，而是从零开始构建一个基因组——并最终利用它驱动人工设计的生命形式。

文特尔曾因领导私人企业就人类 DNA 完整测序与政府支持的人类基因组计划展开竞赛而广为人知。竞赛在 2000 年以平局结束，但文特尔将这称为“不务正业的三年”，因为他的正业是合成生命。1995 年，他与微生物学家克莱德·哈奇森和汉密尔顿·史密斯合作，率先测定了一种自生生物（流感嗜血杆菌）以及当时已知最小的基因组（生殖支原体）的基因组。2003 年，他们成功编写了一个基因组，利用合成的核苷酸重建了 Phi X 174 噬菌体的 5000 个字母长的基因序列。然后在 2010 年，他们对丝状支原体做了同样的事情，利用一份 100 万个字母长的数字化遗传密码制造出一个合成细胞。媒体给它起了一个昵称“Synthia”，意为“合成体”。

构建模块 合成生物学的主要目标是构建出活的机器。研究者正在整理一套称为生物积木（BioBricks）的标准化零件，它们就像基因的乐高积木，能使不同部件的组合和匹配变得非常容易。已经有成千上万的模块上传到“标准生物零件登记处”——一个由麻省理工学院托管的

大事年表

1995 年
生殖支原体基因组序列公布

2000 年
在大肠杆菌中设置基因切换开关

2003 年
人工合成出 Phi X 174 病毒基因组

合成细胞

第一个合成细胞的生命历程开始于存储在计算机中的丝状支原体基因组的数字化遗传密码。这个基因组的100万个字母然后传递给化学合成仪，合成出短的DNA片段，后者再在酵母细胞中组装为染色体。染色体最后移植到近亲山羊支原体（已移除DNA）当中。在接受了供体DNA后，细胞开始读取合成基因组，并生产新的蛋白质。随着时间推移，细胞不断分裂，原始物种的痕迹慢慢消失，细胞集落最终成为由合成DNA编码的生物。

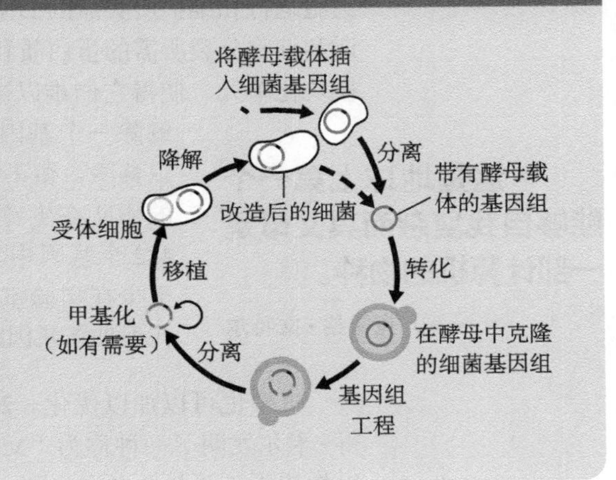

数据库。而将不同功能的部件组合起来就能得到各种功能的人工设计生物，比如监测毒素等化学物质的传感器以及揭示其存在的指示器。2009年，来自剑桥大学的学生因制作出七个菌株的、可生产不同颜色色素的大肠杆菌（昵称为“彩虹大肠杆菌”）而赢得了当年国际基因工程机器大赛（iGEM）的大奖。

机器的一个关键部件是开关按钮。2000年，生物工程师詹姆斯·柯林斯在大肠杆菌中创造出一个可在两种状态之间切换的开关。这个开关由两个基因构成，每个基因编码了一个能够阻断另一个基因活动的“阻遏物”蛋白，使得一个“打开”，另一个就“关闭”。开关可通过给予细胞特定的化学物质或改变温度而加以控制，并有可能用来激活其他基因。

2005年
德鲁·恩迪创造出基因互不重叠的经修饰的T7.1病毒

2009年
在大肠杆菌中测试快速演化和基因组编辑的技术

2010年
丝状支原体DNA成功接管山羊支原体细胞

最简基因组 机器需要一个机架来承载其部件。每个基因组都包含细胞运行和维护所必需的DNA——这些“持家”基因编码了比如关键代谢和细胞分裂所需的蛋白质和RNA。但这些基因不是像生物积木那样的模块化单元，使得它们难以被分离出来。一种设计机架的笨方法是一次删除一个基因，然后观察生物能否存活。非必需的就可以移除，留下机架或所谓“最简基因组”。这正是文特尔的团队在生殖支原体上所做的，结果他们发现在细菌的482个基因中，大约有100个对生存而言并非不可或缺，至少在实验室条件下如此。移除这些非必需基因能避免在添加新基因时产生额外的复杂化。

“这是地球上第一个能够自我复杂而其父母是一部计算机的物种。”

——J. 克雷格·文特尔

机架也可以加以优化。2009年，哈里斯·王、法伦·艾萨克斯和彼得·卡尔发明了一种称为“MAGE”（多重自动基因组工程）的技术，用以加速人工设计生物的创造。2011年，研究者利用MAGE技术改造了大肠杆菌的基因组。就像在文本文件中执行查找替换一样，他们将基因组中的所有“TAG”替换为“TAA”。当DNA读取机器遇到这两个三字母单词时，它都会将其翻译为“终止”，给一个蛋白质编码句子画上句号。现在改为只使用“TAA”后，意味着可以删除“TAG”翻译器，从而保护这种“重组大肠杆菌”免遭使用“TAG”作为“终止”信号的病毒的侵害。

安全和保障 合成生物学的潜力既令人兴奋，也让人害怕。一个担心是，它可被用于生物恐怖主义：2002年，病毒学家通过合成基因组重建了脊髓灰质炎病毒；2005年，美国疾病控制与预防中心的研究者复活了导致1918年西班牙型流感大爆发的病毒。类似的关切也曾出现在针对遗传修饰生物的反对声音中，人们要求对它们加以控制，避免其逃逸扩散。因此，合成生物学家进行了大量风险评估，并在通常的生物安全操作规范之外形成了一套道德准则和负责举措。其中就包括各种避免实验生物可在实验室外存活的预防措施。比如，文特尔就在其细菌中删除了部分基因，使得它们在缺乏特定营养物质时无法生长。而开发了“切换开关”的詹姆斯·柯林斯则正在开发一种基因“自杀开关”，它在面对特定化学物质时会生成有毒蛋白质。在未来，合成生命可利用自然界中不存在的分子构成，从而从根本上阻止它们在野外的自我复制。

数字化设计 文特尔希望创造出能够从空气中吸收二氧化碳并生成生物燃料的藻类。他还设想了一部按需生产的机器，利用一套数字化遗传密码创造出定制生物，用以生产比如胰岛素药物或对抗流行病的疫苗。文特尔将这样的机器称为“数字化生物转换器”——它听上去像科幻小说，但对此其实已经有了一个基础原型。

所以生命是什么？合成生物学引出了大量有关生物种群之间，尤其是人类与万物之间关系的哲学问题。尽管许多种群都能在某种程度上影响其他种群的演化（甚至能够驱动物种形成和灭绝），但人类是唯一一个能够从零开始创造生命的物种。如果一个生命是通过人工过程创造的，那它是否仍然是“自然的”？我们唯一能确定的是，如果一个生物具有生命的诸特征并完成生命的诸过程，那它就是生命。

基因组编辑

迄今为止，大多数形式的“基因疗法”都是使用病毒作为载体，借助它们传递一个有效的基因，用以补偿一个存在缺陷的拷贝，或者打断功能失调的DNA，但这种方法的结果不可预测。要想让基因工程技术在治疗人类疾病上确实有效，就必须能够锁定基因组中的特定位点。一种新的方法（基因组编辑）使用核酸酶作为分子剪刀，剪掉双螺旋中的具体片段，并依靠DNA修复机制来修复切口。其中一项有前景的技术是被微生物用于适应性免疫的CRISPR/Cas9系统：在遭受病毒入侵后，细菌将这些外源遗传物质用酶切割，将其添加到自己DNA的CRISPR区域。然后Cas9酶可以使用该区域的RNA拷贝作为指南，在遭受再次感染时识别病毒并将其切割。这个过程由埃马纽埃尔·沙尔庞捷和珍妮弗·杜德娜在2012年发现。科学家现在正在设计用以匹配人类基因序列的RNA指南，以用于基因疗法。

设计出来的生命

术语表

DNA：脱氧核糖核酸，一种由四种碱基（A, C, G, T）配对构成、形成双螺旋结构的分子。

RNA：核糖核酸，一种由四种碱基（A, C, G, U）配对构成、通常形成单链的分子。

氨基酸（amino acid）：多肽的化学构成单元。

表观遗传学（epigenetics）：不是编码为DNA序列的那些生物学信息的传递。

表型（phenotype）：源自基因型的性状。

重组（recombination）：通过染色体核酸序列的交换（crossover）创造出新的基因组合。

代谢（metabolism）：维持一个细胞运行的各种生化反应。

蛋白质（protein）：在细胞中执行一定功能的折叠结构，由一个或多个多肽构成。

等位基因（allele）：一个基因的不同变体。

多肽（polypeptide）：由基因编码的分子，每个由一串氨基酸构成。

反阴影（countershading）：动物背部的颜色比腹部的深，以便抵消光线造成的阴影效果，更好地进行伪装。

共生（symbiosis）：两种生物之间的一种密切关系，通常对至少一方有益处。

核苷酸（nucleotide）：核酸的构成单元，每个包含四个碱基之一。

核酸（nucleic acid）：构成DNA或RNA的分子。

环境（environment）：一个生态栖息地里的所有物理要素和生物要素。

基因（gene）：编码合成蛋白质或RNA分子所需指令的遗传单位。

基因表达（gene expression）：基因包含的生物信息通过转录和翻译呈现为物理性状。

基因簇（gene cluster）：在染色体上紧密连锁、功能相关的一组基因。

基因库（gene pool）：一个种群的所有个体包含的全部等位基因的集合。

基因型（genotype）：一个或多个基因的等位基因组合。

基因组（genome）：一个细胞、个体或物种的全套基因或核酸。

间变（anaplasia）：成熟的正常细胞非正常地退化为未成熟的细胞，是恶性肿瘤的标志性特征之一。

姐妹染色单体（sister chromatid）：一条染色体复制产生的两条染色单体。

菌株（strain）：从自然界分离获得或在实验室中诱变获得的同一菌种的变异类型，又称为品系。

酶（enzyme）：能够催化（catalysis）生化反应的蛋白质或RNA分子。

胚胎（embryo）：处在早期发育阶段（受精之后，出生之前）的多细胞生物。

配子（gamete）：生殖细胞，通常是卵子或精子。

栖息地（habitat）：一个种群自然生活的家园，又称为生境。

器官（organ）：在系统中执行一项活动（比如消化或繁殖）的身体部分。

区系（flora）：一定区域或栖息地内各种生物种群的总体。

染色体（chromosome）：由DNA和相关蛋白质构成的结构。

生理学（physiology）：维持一个身体运行的各种过程。

适合度（fitness）：生存和繁殖的能力。

适应（adaptation）：生物通过演化获得能为其在一个环境中提供适合度的性状。

碳水化合物（carbohydrate）：由碳、氢、氧构成的分子，为大多数生物提供能量，又称为糖类。

体内稳态（homeostasis）：维持体内各条件的相对稳定。

同源染色体（homologous chromosome）：二倍体细胞中染色体以成对的形式存在，一条来自父本，一条来自母本，它们会在减数分裂前期相互配对。

突变（mutation）：碱基序列的变化。

物种（species）：生物的分类单元，通常被阐释为种群内的成员能够相互交配繁殖，而与其他物种生殖隔离。

系统发生（phylogeny）：一个生物或生物类群的演化过程。

细胞（cell）：生命的结构和功能单位，由细胞核、细胞质和细胞膜构成。

细胞核（nucleus）：真核细胞内包含DNA并启动基因表达过程的细胞器。

细胞器（organelle）：细胞内执行至少一项活动的小“器官”。

细胞质（cytoplasm）：细胞中包含在细胞膜内的内容物（不包括细胞核），包括细胞器、细胞骨架和可溶的细胞质溶胶（cytosol）。

线粒体（mitochondrion）：真核细胞内主要进行呼吸作用的细胞器。

形态学（morphology）：身体或身体部分的形状。

性状（characteristic）：生物的物理特征，包括肉眼不可见的生化过程。

演化（evolution）：在一个种群身上随时间发生的变化。

遗传（heredity）：世代之间的基因传递，常常被阐释为在亲代与子代之间，但也出现在细胞分裂中。

遗传密码（genetic code）：DNA序列所携带的遗传信息。

遗传漂变（genetic drift）：因从基因库中的随机抽样而导致演化的过程。

遗传物质（genetic material）：参见氨基酸。

遗传修饰生物（genetically modified organism，GMO）：通过基因工程技术修饰和改变基因组的生物。

印迹（engram）：存储记忆的方式，表现为在外部刺激下，发生在脑内的生物物理学和生物化学变化；又称为记忆痕迹。

原核生物（prokaryote）：由DNA裸露在细胞质中的原核细胞构成的生物。

杂种（hybrid）：基因型不同的个体之间杂交产生的后代。

真核生物（eukaryote）：由一个或多个通常包含细胞核的真核细胞构成的生物。

种群（population）：在一定空间中生活、能够相互交配繁殖的同种个体的集合。

种系（germline）：多细胞生物中能繁殖后代的一类细胞的总称，包含单倍体配子以及最终能分化成配子的原始生殖细胞。

转化（transformation）：外源遗传物质进入细菌，引起细菌遗传变化的现象。

自然选择（natural selection）：通过适者生存驱动适应的过程。

组织（tissue）：执行一定功能（比如运动或沟通）的细胞群。